机器学习：因子分解机模型与推荐系统

燕彩蓉　潘　乔　编著

科学出版社

北　京

内 容 简 介

因子分解机模型因为能够有效解决高维数据特征组合的稀疏问题且具有较高的预测准确度和计算效率，在广告点击率预测和推荐系统领域被广泛研究和应用。本书对因子分解机模型及其相关模型的研究进展进行综述，阐述该模型的灵活性和普适性，对模型中有待深入研究的难点、热点及发展趋势进行展望。结合研究成果，进一步对该模型进行扩展，并将此扩展后的模型应用于时尚电商领域的推荐任务。提出大数据环境下时尚电商推荐系统框架、研究内容、关键问题，以及可以采用的相关技术，最后通过一个实例验证方案的可行性。

本书适合将要或正在从事数据挖掘、机器学习、推荐系统、时尚电商相关研究的科研人员参考。其中关于因子分解机模型的综述，以及对其改进工作，可以帮助科研人员拓宽研究思路；关于时尚电商领域的推荐系统研究及应用，可以促进机器学习方法在推荐系统中的应用。

图书在版编目（CIP）数据

机器学习：因子分解机模型与推荐系统 / 燕彩蓉，潘乔编著. —北京：科学出版社，2019.2

ISBN 978-7-03-060145-2

Ⅰ. ①机… Ⅱ. ①燕… ②潘… Ⅲ. ①机器学习-研究 Ⅳ. ①TP181

中国版本图书馆 CIP 数据核字（2018）第 287380 号

责任编辑：余　丁 / 责任校对：张凤琴
责任印制：吴兆东 / 封面设计：蓝　正

科 学 出 版 社 出版
北京东黄城根北街 16 号
邮政编码：100717
http://www.sciencep.com

北京凌奇印刷有限责任公司 印刷

科学出版社发行　各地新华书店经销

*

2019 年 2 月第　一　版　开本：720 × 1000　1/16
2019 年 2 月第一次印刷　印张：7　3/4
字数：146 000

POD定价： 99.00元
（如有印装质量问题，我社负责调换）

前　　言

随着移动互联网、云计算和大数据等技术的发展与应用，推荐已经成为我们生活中的一部分，听音乐、看电影、读书、打游戏、订外卖、旅行等等，推荐都时时伴随着我们。在未来生活中，推荐会变得越来越流行，我们也将越来越依赖于它。好的推荐能够知用户之所需，想用户之所想，帮助用户从海量信息中选择最适合的部分。

因子分解机(factorization machine, FM)模型因为能够有效解决高维数据特征组合的稀疏问题且具有较高的预测准确度和计算效率，在广告点击率预测和推荐系统领域被广泛研究和应用，对 FM 及其相关模型的研究进展进行综述有利于促进该模型的进一步改进和应用。本书通过比较 FM 模型与其他相关模型之间的关联关系，阐述 FM 模型的灵活性和普适性；从特征的高阶交互、特征的场交互、特征的分层交互，以及基于特征工程的特征提取、合并、智能选择和提升等角度总结模型在宽度扩展方面的方法、策略和关键技术；比较和分析 FM 模型与其他模型的集成方式和特点，尤其是与深度学习模型的集成，为传统模型的深度扩展提供思路；同时对 FM 模型的不同优化学习方法和基于不同分布式计算框架的实现进行概括、比较和分析；对 FM 模型中有待深入研究的难点、热点及发展趋势进行展望。

针对 FM 模型对所有特征进行交互造成不必要计算资源浪费的问题，以及噪声可能影响预测精度的问题，我们从特征工程和算法两方面对模型提出改进。首先是对关键属性进行属性提升，运用特征工程技术将因子选择智能地嵌入到算法求解过程中，建立智能化场感知分解机(intelligent FFM, iFFM)模型。iFFM 模型在提高准确度的同时，在一定程度上节省模型的训练时间。

接着，对 iFFM 模型进一步优化，建立广义场感知分解机(generalized FFM, GFFM)模型，即采用多文件有选择地对不同特征编码分开存储替代单个文件存储，降低模型时间复杂度。同时将特征细分为随时间变化的动态特征和保持稳定的静态特征，在建模时结合动态特征的时序变化如物品流行趋势和用户行为偏好，并基于时间窗口建立精准的动态模型。

而且，将 GFFM 模型与稠密网络 DenseNet 通过不同方式进行融合，综合利用传统机器学习对低秩特征的快速学习能力以及神经网络对高维特征的提取能力，进一步提高模型准确度，通过实验分析不同融合方式的优劣，为推荐领域未来的发展方向提供一些数据支撑。

每次在我所培养的研究生的毕业论文中看到致谢导师的话都非常感动，本书内容涉及两届研究生积累下来的成果，这提供了本书的写作素材，在这里表示特别感谢，他们是张青龙、赵雪、黄颜、徐淑华。感谢黄永锋老师对本书内容提出宝贵建议。特别感谢东华大学计算机科学与技术学院为我提供了良好的科研环境，令我心无旁骛，专心致志于科研和教学工作。

“不积跬步，无以至千里；不积小流，无以成江海。”机器学习发展迅速，希望我们的工作能够为相关领域的研究者提供些微帮助。笔者自认才疏学浅，对机器学习领域略知皮毛，更兼时间和精力有限，书中不足之处在所难免，恳请读者不吝赐教，将不胜感激。

燕彩蓉
2018年9月

目　　录

前言
第 1 章　绪论 …… 1
1.1　预测和推荐问题描述 …… 1
1.2　研究意义 …… 3
1.3　国内外研究现状及发展动态 …… 4
1.3.1　数据稀疏性和冷启动问题 …… 5
1.3.2　用户偏好和物品流行度动态建模 …… 6
1.3.3　大数据处理和模型的扩展性 …… 7
1.3.4　多样性和准确性平衡问题 …… 8
1.4　本书组织结构 …… 9
第 2 章　FM 模型及其扩展 …… 12
2.1　逻辑回归模型 …… 12
2.2　基于因子分解的多项式回归模型 …… 13
2.3　FM 模型 …… 14
2.4　FM 模型与矩阵分解模型的转化 …… 15
2.4.1　矩阵分解模型 …… 15
2.4.2　FM 模型转化为矩阵分解模型 …… 16
2.5　FM 模型的高阶扩展 …… 17
2.6　FM 模型的场交互扩展 …… 18
2.7　FM 模型的层次交互扩展 …… 19
2.8　FM 模型与其他模型的集成 …… 20
2.9　本章小结 …… 22
第 3 章　特征工程及其对 FM 模型的影响 …… 23
3.1　属性、特征、特征向量和数据集 …… 23
3.2　特征工程 …… 24
3.3　特征的来源 …… 25
3.4　FM 模型相关研究中的特征工程 …… 27
3.5　FM 模型的应用领域 …… 30

3.6 本章小结 …… 32

第 4 章 模型训练方法 …… 33

4.1 预测和推荐模型的目标优化 …… 33

4.2 模型训练方式 …… 34

4.2.1 拟牛顿法 …… 34

4.2.2 SGD 系列算法 …… 35

4.2.3 Gibbs 采样算法 …… 37

4.3 激活函数 …… 38

4.4 过拟合问题 …… 39

4.4.1 正则化方式 …… 40

4.4.2 批规范化 …… 41

4.4.3 Dropout 及相关优化方法 …… 42

4.5 本章小结 …… 44

第 5 章 智能化场感知分解机 …… 45

5.1 算法改进思路 …… 45

5.2 iFFM 模型 …… 46

5.3 多样性处理 …… 48

5.3.1 热扩散算法 …… 48

5.3.2 两个模型的集成 …… 50

5.4 实验结果与分析 …… 50

5.4.1 实验环境 …… 50

5.4.2 实验结果 …… 51

5.5 本章小结 …… 54

第 6 章 广义场感知分解机 …… 55

6.1 模型改进思路 …… 55

6.2 时间因子 …… 57

6.3 动态模型构建 …… 58

6.4 GFFM 模型评价 …… 60

6.4.1 实验设置 …… 60

6.4.2 实验结果及分析 …… 62

6.5 本章小结 …… 64

第 7 章 FM 模型与深度学习模型的集成 …… 65

7.1 FNN 模型 …… 65

7.2 Wide&Deep 模型 …… 66

7.3 Deep&Cross 模型 …… 67
7.4 DeepFM 模型 …… 68
7.5 NFM 与 AFM 模型 …… 68
7.6 宽度和深度学习模型集成方式分析 …… 69
7.7 本章小结 …… 70
第 8 章 基于稠密网络的广义场感知分解机 …… 71
8.1 ResNet 和 DenseNet …… 71
8.2 DGFFM 模型 …… 73
8.2.1 Wide&Deep 结构 …… 73
8.2.2 FNN 结构 …… 74
8.3 DGFFM 模型评价 …… 75
8.3.1 实验设置 …… 75
8.3.2 实验结果及分析 …… 75
8.4 本章小结 …… 76
第 9 章 FM 模型实现库及并行化处理 …… 77
9.1 libFM …… 77
9.1.1 libFM 中核心类之间的关系 …… 77
9.1.2 fm_learn 类代码解析 …… 78
9.2 FM 的其他实现库 …… 83
9.2.1 libFFM …… 83
9.2.2 fastFM …… 83
9.3 FM 模型的其他优化方法 …… 83
9.4 FM 模型的并行实现 …… 84
9.5 本章小结 …… 87
第 10 章 时尚电商领域的推荐系统研究 …… 88
10.1 深度学习为时尚推荐研究带来新思路 …… 88
10.2 大数据环境下时尚电商推荐系统框架及面临的问题 …… 89
10.3 融合视觉特征的推荐系统研究内容 …… 90
10.3.1 融合非视觉属性与视觉特征及其时空动态性的推荐模型研究 …… 91
10.3.2 面向大规模数据的并行化模型训练算法与技术研究 …… 92
10.3.3 在线推荐引擎研究 …… 92
10.4 关键问题 …… 93
10.4.1 基于视觉特征的时空动态建模 …… 93
10.4.2 模型训练的优化问题 …… 93

10.4.3 推荐引擎的实时处理 …… 93
10.5 相关技术 …… 94
10.5.1 基于深度卷积神经网络的视觉特征提取方法 …… 94
10.5.2 基于 iFFM 模型的非视觉属性建模 …… 95
10.5.3 基于 VBPR 的视觉特征建模 …… 96
10.5.4 基于马尔可夫链的时间序列预测 …… 96
10.5.5 基于 SGD 算法的模型训练方法 …… 97
10.5.6 基于 TensorFlow 的并行算法实现 …… 98
10.6 本章小结 …… 98
第 11 章　一个 N-阶段购买决策模型 …… 100
11.1 研究背景 …… 100
11.2 特征处理与 Wide&Deep　plus 框架 …… 101
11.3 NSPD 模型及其优化 …… 102
11.4 实验与结果评价 …… 105
11.4.1 数据集 …… 105
11.4.2 评价指标 …… 106
11.4.3 算法实现 …… 106
11.4.4 实验结果 …… 106
11.5 本章小结 …… 108
参考文献 …… 109

第 1 章　绪　　论

云计算、移动互联网和社会媒体等技术的迅猛发展，使得网络空间中蕴含的信息量呈指数级增长。作为缓解信息过载问题的有效手段，推荐系统得到学术界和工业界的广泛关注，相关研究成果已经融入我们日常生活的各项个性化服务中，如在线电商、信息检索和移动应用。推荐系统有两大任务：评分预测和 top-k 推荐，前者用于预测用户对于未接触事物的评分，后者为用户提供个性化的推荐列表。面对多源、异构、动态的大数据，传统推荐模型或算法在准确性、扩展性、实时性方面都面临着挑战。

1.1　预测和推荐问题描述

预测和推荐是两类非常相关的任务，预测任务通常包括三种：分类、回归和排序[1]。两者之间的关系体现为：预测的结果可为推荐提供服务，推荐需要以预测为基础。

预测是指通过对训练集 $\{(x_1,y_1),(x_2,y_2),\cdots,(x_m,y_m)\}$ 进行学习，建立一个从输入空间 X 到输出空间 Y 的映射 $f:X\rightarrow Y$。若输出空间 Y 离散，那么这类学习任务被称为分类(classification)，若分类中只涉及两个类别，即 Y 中只包含两个值，则称为二分类(binary classification)；涉及多个类别则称为多分类(multi-class classification)。若输出空间 Y 连续，那么这类任务称为回归(regression)。对于二分类任务，$Y=\{-1,+1\}$ 或 $\{0,1\}$；对于多分类任务，$Y=\{0,1,\cdots,n\}$，其中 n 为类别的数量；对于回归任务，Y 通常为实数集 $[k_1,k_2]$，其中 k_1 为回归下限，k_2 为回归上限，一般采用相关函数(如 clip)将回归控制在一定范围内。预测的一个典型应用就是点击率(click-through rate，CTR)预测，预测结果只有两个，点击或者不点击，可以将其转化为二分类问题。

点击率是互联网广告常用的术语，指网络广告(图片广告、文字广告、关键词广告、排名广告、视频广告等)的点击到达率，即该广告的实际点击次数除以广告的展现量。点击率预测是互联网主流应用(广告、推荐、搜索等)的核心算法问题，谷歌(Google)和脸书(Facebook)等业界巨头对这个问题一直进行着持续的投入和研究。点击率预测是互联网计算广告中的关键技术环节，其预测的准确性直接影响公司的广告收入。大数据时代，广告领域的点击率预测问题面临着超高维离散特征空间中模式发现的挑战，即如何拟合现有数据的规律，同时又具备推广性。

推荐是指通过分析和挖掘用户(user)与物品(item)之间的二元关系及相关属性，帮助用户从海量数据中发现其感兴趣的有形或无形的物品(如信息、服务、商品等)，然后生成个性化推荐列表[2,3]。传统的属性主要包括用户和物品的固有特征、显式的用户评分，以及隐式的用户反馈。隐式反馈普遍存在于互联网中，如用户在观看电影、收听音乐、浏览或购买商品等时留下的行为痕迹。近几年来利用社交网络和移动位置信息进行协同过滤推荐成为研究热点[4,5]。由于互联网中用户反馈多以隐式反馈的形式存在，且用户平均浏览商品数一般远小于商品总数，因此设计矩阵(用户物品矩阵)通常是稀疏的。而这些稀疏的数据场景为预测和推荐的研究带来新的挑战。推荐系统和点击率预测都可以看作是分类问题在真实场景中的应用。

预测和推荐系统通常由三部分组成：特征提取及处理、模型建立与训练、在线服务，如图 1.1 所示，所有工作都构建于特征之上。在此框架中，首先是特征提取及处理，不同的特征经过处理后进行融合；然后输入到模型中，对模型进行训练和验证，验证通过的模型将为在线预测和推荐提供依据；最后用户的反馈将重新加入特征中，为模型的改进和再次训练提供数据。考虑到推荐任务中特征并不总是连续的，多数情况是类别值，所以将这些特征数字化将更适合于模型训练。为了应对一些无序的类别特征，可选用独热编码(one-hot encoding)方式对其进行编码。

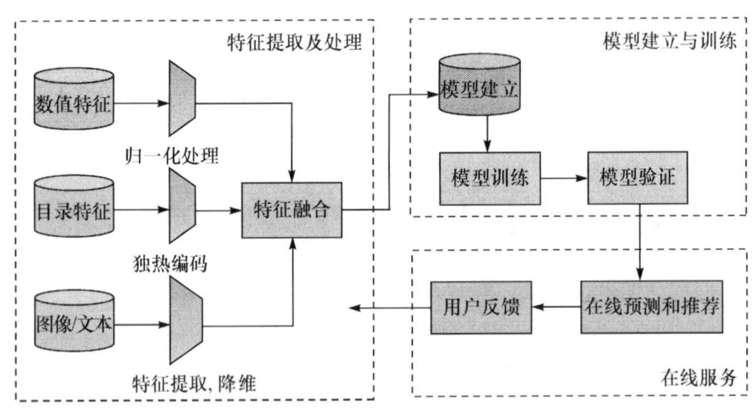

图 1.1 预测和推荐系统框架

独热编码又称一位有效编码，是广泛使用的一种特征表示方法。具体操作为：

使用 N 位状态寄存器对 N 个状态进行编码，每个状态都有其独立的寄存器位，并且在任意时候，只有一位有效。独热编码解决了分类器不易处理属性数据的问题，在一定程度上扩充了特征。独热编码可将分类特征转化为数值型特征，从而方便进行模型预测。假设某电子商务网站中耳机的品牌包括 Panasonic、Sennheiser、Sony、Sound Intone、Bose、Beats、Audio-Technica 和 Ausdom 共 8 种，采用一个长度为 8 的向量对耳机品牌进行独热编码，特征 Panasonic 可表示为(1,0,0,0,0,0,0,0)，特征 Sennheiser 可以表示为(0,1,0,0,0,0,0,0)，以此类推。图 1.2 描述的是一个推荐问题，特征用 x 表示，每个 x_i 表示一个特征向量，对应的目标值为 y_i。图 1.2 中相关数据来源于 Rendle 的论文[6]，第 1 组表示用户特征，采用独热编码；第 2 组表示物品特征，采用独热编码；第 3 组表示同一用户对其他物品的评分；第 4 组表示时间特征；第 5 组表示本用户最后评分的物品，采用独热编码。通过这些数据对模型进行训练，验证好的模型可以提供在线预测和推荐。可以看出，这些特征所构成的矩阵存在着大量的数据冗余，而且数据也非常稀疏(0 元素非常多)。

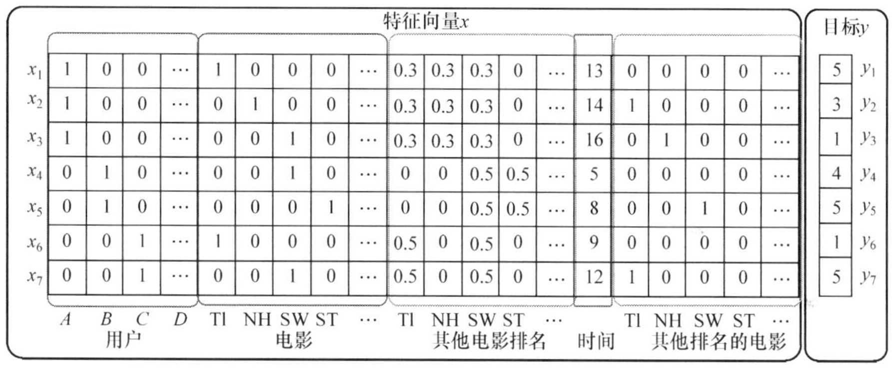

特征向量x　　目标y

	用户 A	用户 B	用户 C	用户 D	电影 TI	电影 NH	电影 SW	电影 ST	电影 …	其他电影排名 TI	其他电影排名 NH	其他电影排名 SW	其他电影排名 ST	其他电影排名 …	时间	其他排名的电影 TI	其他排名的电影 NH	其他排名的电影 SW	其他排名的电影 ST	其他排名的电影 …	目标y	
x_1	1	0	0	…	1	0	0	0	…	0.3	0.3	0.3	0	…	13	0	0	0	0	…	5	y_1
x_2	1	0	0	…	0	1	0	0	…	0.3	0.3	0.3	0	…	14	1	0	0	0	…	3	y_2
x_3	1	0	0	…	0	0	1	0	…	0.3	0.3	0.3	0	…	16	0	1	0	0	…	1	y_3
x_4	0	1	0	…	0	0	1	0	…	0	0	0.5	0.5	…	5	0	0	0	0	…	4	y_4
x_5	0	1	0	…	0	0	0	1	…	0	0	0.5	0.5	…	8	0	0	1	0	…	5	y_5
x_6	0	0	1	…	1	0	0	0	…	0.5	0	0.5	0	…	9	0	0	0	0	…	1	y_6
x_7	0	0	1	…	0	0	1	0	…	0.5	0	0.5	0	…	12	1	0	0	0	…	5	y_7

图 1.2　特征向量示例

1.2　研 究 意 义

随着技术进步和移动物联网的发展，数据信息呈爆炸式增长。根据智研咨询发布的《2016—2022 年中国大数据行业深度分析及投资战略咨询报告》①，2015 年，全球数据存储量已经达到 8.61ZB。假设地球上每个人(联合国估计 2017 年地球人口总数为 75 亿)每分钟发 3 条推特信息(每条 140 字节)，大约需要连发

① http://www.chyxx.com/research/201608/439946.html

6100年。在中国，2017年“双十一”一天时间，阿里平台总成交额已经达到1682亿人民币，产生物流订单8.12亿个，创造了新的“中国速度”及“世界高度”，由此而来的数据相当可观。数据量的快速增长造成了大量的信息过载，如何有效过滤信息，找到最有价值的部分成了企业乃至国家发展的重要战略目标。

作为一种有效的信息过滤手段，推荐系统是当前解决信息过载问题及实现个性化信息服务的有效方法之一[4]。目前主流的推荐系统应用于很多领域，包括：电子商务，如Netflix、Amazon、eBay、阿里巴巴和豆瓣等[7]；信息检索，如iGoogle、MyYahoo、GroupLens和百度等[8]；移动应用，如Daily Learner和Appjoy等[9]；生活服务，如美团和新浪微博等[10]。在计算广告领域，常用的过滤手段是点击率和转化率(conversion rate，CVR)预测。准确地估计点击率和转化率对于提高流量的价值，增加广告收入有重要的指导作用。常用的预估点击率和转化率的方法有Google的在线学习算法FTRL-Proximal[11]、Facebook的GBDT(gradient boosting decision tree)+LR(logistic regression)[12]、百度最近使用的深度神经网络(dense neural network，DNN)等。

推荐算法一般采用的方式有top-k推荐和评分预测两种，这两种方式可以归结为一类预测问题。top-k可预测用户最感兴趣的k个物品，评分预测的结果如果以概率的形式输出，则可以认为是用户对物品评分的概率(如5分的概率为0.4，3分的概率为0.6，其余为0)，根据概率排序，选择概率最高的k个物品，即为top-k推荐。由于目前多数网站的用户评分形式都采用整分制(单个用户不允许评分为小数)，因此评分预测可以转化为多分类问题。点击率预测的结果只有点击或不点击两个，可以转化为二分类问题。因此，推荐系统和点击率预测都可以看作是分类问题在真实场景中的应用。

1.3 国内外研究现状及发展动态

推荐系统在国内外赢得了广泛关注，许多大学和研究机构对此领域展开了深入研究。国外的研究机构主要有Microsoft研究院、Yahoo研究院、Google研究院、加利福尼亚大学等；国内的研究机构主要有中国科学院、清华大学、北京大学、上海交通大学、武汉大学、北京邮电大学、中国人民大学等。各大电子商务网站，如Netflix、Amazon、Zalando、淘宝等，利用推荐系统为用户提供更多的服务并以此获利。国际重要学术会议近几年的主题中均包含推荐系统研究，如数据挖掘领域的SIGIR、SIGKDD、ICDM等。ACM推荐系统年会(ACM Conference on Recommender Systems，RecSys)是一个顶级的国际论坛，每年为推荐系统领域展示新的方法、技术和框架。2016 年第 1 届推荐系统中的深度学习会议(Workshop on Deep Learning for Recommender Systems，DLRS)与 ACM 推荐系统年会同时开展，因为推荐系统领域专家认为：近几年深度学习在计算机视觉、自然语言处理和语音识别等领域已经取得较大的成功，然而在推荐系统领域开展的工作还较少，深度学习已经成为推荐系统领域研究的下一个重要热点。下面从几个方面具体阐述其发展动态。

1.3.1　数据稀疏性和冷启动问题

现实生活中，数据矩阵往往极其稀疏，以电影《魔兽》为例，中国票房为 14.7 亿元，观影人次近 4000 万，豆瓣评分人次为 181 431，评分密度仅为 0.45%。为了缓解数据稀疏问题，学者提出了社会化推荐(social recommendation)方法[13,14]。为了提取更优的潜在特征向量，文献[15]将用户的各种社会网络关系融合到矩阵的优化分解过程中，提出社会化的矩阵分解(social matrix factorization)。文献[16]指出用户对物品的评分信息与用户之间的社会关系信息往往来源于不同的数据源，社会化推荐具有一定的局限性。作者在贝叶斯概率矩阵分解(Bayesian probabilistic matrix factorization，BPMF)[17]的基础上，使用更加稀疏的广义高斯分布取代原始的高斯分布初始化数据，取得了较好的效果。类似的方法还有 Glorot initialization[18]和 He initialization[19]。Glorot initialization 的基本思想是保持输入和输出的方差一致，这样就避免了所有输出值都趋向于 0，在激活函数为 tanh 时，使用神经网络训练，输出值在很多层之后仍能保持着良好的分布。He initialization 的核心思想是在使用修正线性单元(rectified linear unit，ReLU)的神经网络中，每一层仅有一半的神经元被激活，另一半为 0，所以要保持方差不变，需要在 Glorot 的基础上除以 2 才可。

推荐系统的另一个问题是用户和物品的冷启动问题。对于新用户，一般有两条途径来缓解冷启动问题：第一种，选择从第三方渠道，如 QQ 或微信，登录后导入其信息(如果有)；第二种，引导用户把自己的一些属性表达出来，如回答一系列问题，选择喜欢的物品，添加属性标签等。这两种方式有时也会同时使用。若无法有效获取用户相关信息，一般常用的手段是推荐热门物品。对于新物品，可以利用它们的一些属性，如电子商务时尚推荐中物品的颜色、样式和品牌等，计算与现有物品的相似性，进而推荐给相关的用户。对于完全新颖的物品，一个比较好的推荐手段是利用品牌，比如“索粉”如果在购买力允许的情况下，一般会比较愿意尝试索尼的新产品，这种方式有时也被称为“粉丝”营销。

从模型的角度分析，则需要算法能够捕捉到用户或者物品更多的特征。常用的逻辑回归等线性方法能够很好地利用属性的单独特征或者一阶特征(raw feature)。交叉特征(cross feature)通常依赖于人工设计，比如电影票容易在周五晚上被用户购买，就需要构建电影 ID 和时间之间的联系。然而，大量的特征隐藏在数据中，很难被专家识别和设计，这就需要设计算法来解决。Poly-2(degree-2 polynomial mappings)[20,21]直接对二阶特征组合建模来学习权重。FM 模型[22]为每个单独特征构建隐式向量，并通过隐式向量之间的内积(inner product)来建立两个特征的组合关系，从而实现对二阶特征组合的自动学习。FM 模型因综合了矩阵分解(matrix factorization，MF)和支持向量机(support vector machine，SVM)之间的优点，能够有效解决高维数据特征组合的稀疏问题，且具有线性时间复杂度，近几年被广泛研究和应用[6]。

Juan 及其比赛团队借鉴 Jahrer 论文[23]中的场(field)概念，提出了场感知分解机(field-aware factorization machine，FFM)模型[24]。FFM 模型引入场概念，把相同性质的特征归于同一个场。自提出以来，FFM 模型表现突出，分别在 Criteo①和 Avazu②举办的点击率预测竞赛中夺得冠军。文献[25]指出 FFM 模型不仅能够赢得比赛，而且在真实预测系统中具有很高的价值。在中国，美团点评技术团队在搭建需求方平台(demand side platform，DSP)的过程中，探索并使用了 FM 和 FFM 模型进行点击率和转化率预估，取得了不错的效果。然而，和 FM 模型一样，FFM 模型对所有特征变量进行交互建模，通过共享特定特征隐式向量来计算因式分解参数。

真实环境中，特征变量通常很多，而且并非所有交互都有效，为了提高计算效率，本书对 FFM 模型进行改进，提出了智能化场感知分解机(intelligent FFM，iFFM)模型[26]。iFFM 模型对关键属性进行提升，运用特征工程技术将因子选择智能地嵌入到算法求解过程中，并综合利用 Gibbs 采样(Gibbs sampling)和随机梯度下降(stochastic gradient descent,SGD)算法来提高推荐准确度。对于高维特征的提取，DNN 提供了一个很好的解决方案。比如，对于图片常采用卷积神经网络(convolutional neural network，CNN)来提取特征，然后对特征进行降维处理。也有将低秩特征(一阶特征和二阶特征)与高维特征结合起来一起建模的方法，如 Wide&Deep，DeepFM 等。

1.3.2 用户偏好和物品流行度动态建模

对用户偏好和物品流行趋势建模也是推荐系统面临的挑战之一，尤其是在时尚推荐领域。比如，Google 将流行趋势划分为 6 类：持续上升(sustained risers)、

① https://www.kaggle.com/c/criteo-display-ad-challenge

② https://www.kaggle.com/c/avazu-ctr-prediction

季节上升(seasonal risers)、突然上升(rising stars)、持续下降(sustained decliners)、季节下降(seasonal decliners)、突然下降(falling stars)等，如图 1.3 所示①。通过划分各流行趋势，对各个趋势变化分别进行分析。文献[27]提出了时尚 DNA(fashion DNA)的概念，使用 DNN 对时尚物品进行特征提取，结合其他特征，为每个物品生成唯一的标签，类似于人类的 DNA，这个标签值能够唯一地确定一个物品。文献[28]将时间动态因素应用到奇异值分解(singular value decomposition，SVD)中，分别对用户偏置和物品偏置进行动态建模，然后与 SVD 模型进行结合。文献[29]对视觉特征(visual feature)和非视觉特征(non-visual feature)进行轻量级时间建模，然后进行特征的融合。由于用户行为变化趋势和物品变化趋势有很大的不同，比如用户行为在工作日和周末可能有很大不同(工作日忙于上班，周末可能更注重休闲娱乐)，而物品短期内流行趋势可能没有明显变化，因此将用户和物品按照同样的方式进行时间建模并不是很合理。

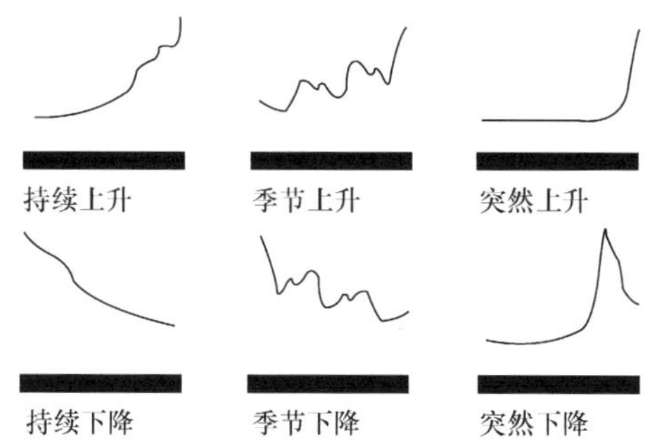

图 1.3 时尚流行趋势变化

和多数领域一样，推荐系统和点击率预测同样存在大数据和模型扩展性问题。大数据应用方面，目前主流的解决方案是使用分布式框架和并行计算平台(如 NVIDIA® CUDA®等)；硬件方面，则使用 GPU、TPU 等进行加速。在线服务平台使用较多的有 Amazon 的 AWS、Google 的 Cloud 等。中国境内常用的云平台有阿里云和腾讯云。若条件允许，中国境内的高校和研究机构则更倾向于搭建自己的集群服务平台。下一节将介绍几种在深度学习方向常用的支持 CUDA 的框架。

1.3.3 大数据处理和模型的扩展性

推荐系统是大数据时代下应运而生的产物。随着数据规模增大，数据类型增

① http://www.yesstyle.com/blog/tag/google-trend-2016/

多，数据来源越来越复杂，推荐处理更加依赖于大数据处理框架。

目前,深度学习领域持续火热,各种开源框架层出不穷,常用的有 TensorFlow、Caffe、MXNet、Keras、Theano、PyTorch 等。本书对各开源框架在 GitHub 上的数据信息从 Watch 数量、Star 数量、Fork 数量、Contributor 数量 4 个方面进行简单统计(统计时间为 2018 年 8 月 1 日)，如表 1.1 所示。

表 1.1　GitHub 上各个开源框架的数据统计

框架	机构	支持语言	Watch	Star	Fork	Contributor
TensorFlow	Google	Python/C++/…	8 222	106 370	36 827	1 578
Caffe	BVLC	Python/C++	2 220	25 047	15 324	269
MXNet	Apache	Python/C++/…	1 161	14 740	5 401	569
Keras	Google	Python	1 784	32 083	12 029	703
Theano	LISA Lab	Python	587	8 392	2 226	326
PyTorch	Facebook	Python	925	17 499	4 096	723

通过表 1.1 可以看出，TensorFlow 在各方面都处于绝对领先的地位，这得益于 Google 在深度学习领域杰出的贡献以及强大的感召力。上述几种框架都支持 Python 语言，可见 Python 语言在深度学习领域的重要地位。值得一提的是，PyTorch 的前身 Torch7 使用的编程语言为 Lua。Lua 太过小众导致 Torch7 发展前景堪忧，于是 Facebook 的工程师使用 Python 对 Torch7 进行重写，这才有了今天熟悉的 PyTorch。Theano 最初是为学术研究设计的，易于与其他深度学习库结合，灵活性很强，使用比较麻烦。目前，Theano 已经停止更新。另外，Keras 也是一种常用的深度学习框架，同样来自 Google。在构建神经网络方面，相较于 TensorFlow，Keras 具有快速简单等特点，但 Keras 扩展能力差，实现其他机器学习算法比较困难，而现实中模型的构建往往是极其复杂的，很难用 Keras 实现。因此，Keras 通常只用于学术研究。

从机器学习库的实现角度总结如下：TensorFlow 是相对高阶的机器学习库，用户拥有更高的对网络结构设计的自主权；Caffe 的核心概念是 Layer，在计算机视觉领域的应用较多，常用来做人脸识别、图片分类、位置检测、目标追踪等；Keras 是一个非常高层的库，可以工作在 Theano 和 TensorFlow 之上。另外，Keras 强调极简主义，用户只需几行代码就能构建一个神经网络。

1.3.4　多样性和准确性平衡问题

对于点击率预测，一般情况下每个用户浏览的界面只能显示一个广告，所以不需要考虑多样性。对于推荐方向，每个页面可以显示多个推荐结果，这时推荐结果的多样性能够给用户一定的新鲜感，提高用户对网站的黏性。

推荐系统研究需要突破各种各样的阻碍，远不止仅在现有的系统上进行微调。研究者眼下正在考虑的是，推荐算法应该在怎样一个程度上帮助用户发掘一个网站的内容集合中他们未曾了解的部分。比方说，把买书的人送去 Amazon 的服装部门，而不是给一些安全的和顾客更有可能接受的推荐结果。在零售世界之外，推荐算法可以帮助人们接触到新的想法；就算我们不同意其中的一些，但整体作用大概会是积极的，因为这将有助于减少社会的巴尔干化(balkanization)，即碎片化。推荐算法能不能做到这一点，还要不让人感到厌烦或者不信任，仍需拭目以待。

本书引入热量传播算法 HeatS[16]建立模型并与所提出的 iFFM 模型进行线性加权融合，以提高推荐结果的多样性。Google 在设计 YouTube 深度神经网络推荐系统[30]时，设计了两个神经网络：候选集生成网络和排序网络。候选集生成网络只选择与用户高度相关的事件作为输入，用户之间的相似性、视频 ID 等不太重要的因素以粗略特征表示。排序网络精细区分高召回率的候选集之间的相对重要性，按照得分结果进行排序，并将其呈现给用户。由于对候选集进行了分类，因此推荐的结果具有一定的多样性。另外，YouTube 在首页设有再看一遍一栏，主要是考虑到用户可能重新观看以前观看过的视频。

1.4 本书组织结构

FM 模型能够有效解决高维数据特征组合的稀疏问题且具有线性时间复杂度，近几年被广泛研究。结合特征工程和算法优化对现有模型进行准确度和计算效率两方面的改进，本书在模型改进方面的演进过程是 FFM→iFFM→GFFM→DGFFM。现将本书主要贡献总结如下：

① 总结并分析现有机器学习模型在推荐和点击率预测领域的应用。分析各种模型训练方法的优缺点、适用范围、使用方法；分析深度学习模型中常用的激活函数(activation function)的适用范围、选用方法，对机器学习经常出现的过拟合问题进行较为深入的分析；对实际应用中预测模型的训练、防止过拟合、参数的设定问题给出了具体的指导。

② 通过比较 FM 模型与多项式回归等模型之间的关联关系，阐述 FM 模型的灵活性和普适性。从特征的高阶交互、特征的场交互、特征的分层交互，以及基于特征工程的特征提取、合并、智能选择和提升等角度总结模型在宽度扩展方面的方法、策略和关键技术。比较和分析了 FM 模型与其他模型的集成方式和特

点，尤其是与深度学习模型的集成，为传统模型的深度扩展提供了思路。

③ 针对 FFM 模型对所有特征进行交互造成不必要资源浪费的问题提出 iFFM 模型，该模型对关键属性进行提升，运用特征工程技术将因子选择智能地嵌入到算法求解过程中，在提高模型准确度的同时，也在一定程度上节省了计算时间。

④ 对 iFFM 模型进一步优化，建立 GFFM 模型。GFFM 模型采用多文件有选择地对不同特征编码分开存储替代单个文件存储，降低模型时间复杂度。同时将特征细分为随时间变化的动态特征和保持稳定的静态特征，在建模时结合动态特征的时序变化如物品流行趋势和用户行为偏好，基于时间窗口建立精准的动态模型。实验证明 GFFM 模型具有更高的准确度。

⑤ 将 GFFM 模型与 DenseNet 通过不同方式进行融合，综合利用传统机器学习对低秩特征的快速学习能力以及神经网络对高维特征的提取能力，进一步提高模型准确度，通过实验分析不同融合方式的优劣，为未来的发展方向提供一些数据支撑。

⑥ 对 FM 模型的优化学习方法和基于不同分布式计算框架的实现进行概括、比较和分析。最后，对 FM 模型中有待深入研究的难点、热点及发展趋势进行展望。

本文共分为 11 章，各章内容安排如下：

第 1 章绪论，主要介绍预测和推荐问题的形式化描述、研究意义，以及该领域的国内外研究现状和存在的问题。

第 2 章 FM 模型及其扩展，对 FM 模型及其变体的研究进行了综述，希望能为该领域的研究者提供不同的思路，为应用开发者提供不同的选择方案。

第 3 章特征工程及其对 FM 模型的影响，探究特征工程的机理、实现方式，并分析其在 FM 模型中的作用和影响。

第 4 章模型训练方法，介绍预测和推荐模型的基本原理、训练方式、激活函数选择，以及避免过拟合的策略。

第 5 章智能化场感知分解机，详细讲述了本书提出的 iFFM 模型的工作原理，对局部属性提升和特征选择过程进行了较为深入的分析，并通过算法讲解了 iFFM 模型的实现方式，并分析了其时间复杂度。

第 6 章广义场感知分解机，对 iFFM 模型存在的问题从特征工程、动态建模等方面进行改进，对本书提出的 GFFM 模型进行详细讲解，最后通过实验测试评价 GFFM 模型和相关方法的优势和不足。

第 7 章 FM 模型与深度学习模型的集成，比较和分析了 FM 模型与深度学习模型的集成方式和特点，为传统模型的深度扩展提供了思路。

第 8 章基于稠密网络的广义场感知分解机，探讨 GFFM 模型在神经网络领域应用的可能性，详细讲解了 DGFFM 模型，并在预测和推荐两个领域评价了此模型的应用效果。

第 9 章 FM 模型实现库及并行化处理，介绍了 libFM 软件包及其学习方法的实现，以及其他相关软件包，并对基于不同分布式计算框架的实现进行概括、比较和分析。

第 10 章时尚电商领域的推荐系统研究，结合大数据环境和时尚电商应用领域，提出可行的推荐框架，列出几条重要的研究内容，并针对这些研究内容提出关键的问题和可以采用的技术，尤其把 FM 模型与深度学习模型进行结合来提高推荐的准确度。

第 11 章一个 N-阶段购买决策模型，这是本书的研究成果之一，打破了传统的直接推荐最终物品的模式，根据用户的选择，按照阶段逐步进行推荐。本模型可以用于时尚电商领域。

第 2 章　FM 模型及其扩展

FM 模型源于多项式回归模型和隐因子模型，通过特征工程，FM 模型也可以转化为这些模型。本节首先介绍逻辑回归模型、多项式回归模型，以及 Poly2 模型之间的关系，分析其特点和不足，阐述隐因子模型的优势，并详细阐述因子分解的多项式回归模型在参数学习中的优势，引出本书研究的核心 FM 模型。然后从特征的高阶交互、场交互、层次交互，与传统模型的集成学习，以及特征工程角度讨论 FM 模型的扩展。并对 FM 模型的应用场景进行汇总。

2.1　逻辑回归模型

逻辑回归(logistic regression，LR)模型是应用最广泛的线性模型[31]，其最常见的应用场景就是预测概率，即根据输入预测一个值。它可以作为一种分类方法，主要用于二分类问题，模型描述为

$$\hat{y}(x)=\sum_{i=1}^{n}w_i x_i \tag{2-1}$$

其中，$X\in\mathbb{R}^n, Y\in\mathbb{R}, W\in\mathbb{R}^n$，$x_i$ 是输入特征向量的第 i 个分量，向量长度为 n，w_i 是 x_i 对应的权值。

LR 模型的学习与优化通常使用最大似然和梯度下降方法来求解模型的参数。LR 模型的优势是简单、直观，模型求出的系数易于理解，便于解释，不属于黑盒模型。但不足之处在于模型的输入特征通常依赖于人工方式进行设计，而且 LR 本身是线性模型，无法对特征间非线性关系进行捕捉和自动建模，从而必须依赖于人工方式进行特征组合(feature combination)来实现二阶或高阶交互特征的构造。实践中可利用因子分解机得到的特征交叉系数来选择输入 LR 模型的交叉特征组合，从而避免了繁杂的特征选择工作。

为了充分利用特征之间的非线性关系，让模型能够学习到二阶或高阶交互特征，可以采用多项式回归模型，此模型在 LR 的基础上添加了非线性的特征交互组合。三阶多项式回归模型描述为

$$\hat{y}(x)=w_0+\sum_{i=1}^{n}w_ix_i+\sum_{i=1}^{n}\sum_{j\geqslant i}^{n}\hat{w}_{i,j}x_ix_j+\sum_{i=1}^{n}\sum_{j\geqslant i}^{n}\sum_{l\geqslant j}^{n}\tilde{w}_{i,j,l}x_ix_jx_l \tag{2-2}$$

其中，$X\in\mathbb{R}^n,Y\in\mathbb{R},w_0\in\mathbb{R},W\in\mathbb{R}^n,\hat{W}\in\mathbb{R}^{n\times n},\tilde{W}\in\mathbb{R}^{n\times n\times n}$。

多项式回归模型的优势是能够学习特征之间的非线性交互关系，不足则在于采用这种方式构造的特征数量与特征值个数的乘积相关。假如某类特征有 1 万个可能的取值，另一类特征也有 1 万个可能的取值，那么理论上这两个特征组合就会产生 1 亿个可能的组合特征项。若加入三阶特征组合，则会引入更高的特征维度，导致特征爆炸问题，进而无法有效地学习高阶特征。Poly2 模型的提出充分考虑到多项式回归模型的可行性和实用性，此模型只对二阶特征组合进行建模[20]。模型描述为

$$\hat{y}(x)=w_0+\sum_{i=1}^{n}w_ix_i+\sum_{i=1}^{n}\sum_{j=i}^{n}\hat{w}_{i,j}x_ix_j \tag{2-3}$$

其中，$X\in\mathbb{R}^n,Y\in\mathbb{R},w_0\in\mathbb{R},W\in\mathbb{R}^n,\hat{W}\in\mathbb{R}^{n\times n}$。

Poly2 模型中只有二阶的交互特征，所以模型的预测和训练复杂度不会太高。但是实际应用场景下的数据稀疏性问题，使得 Poly2 模型的二次项权重系数的训练学习变得非常困难，从而严重影响模型性能。另外当每个特征取值较多时，仍然存在计算复杂度过高的问题。

2.2　基于因子分解的多项式回归模型

基于因子分解的多项式回归(factorized polynomial regression)利用每个特征的隐向量进行组合，不需要为每个特征交互产生不同的权值。模型描述为

$$\begin{aligned}\hat{y}(x\mid w_0,v)=w_0x_0&+\sum_{i=1}^{n}\sum_{f=1}^{k_1}v_{i,f}x_i+\sum_{i=1}^{n}\sum_{j\geqslant i}^{n}\sum_{f=1}^{k_2}v_{i,f}v_{j,f}x_ix_j\\&+\sum_{i=1}^{n}\sum_{j\geqslant i}^{n}\sum_{l\geqslant j}^{n}\sum_{f=1}^{k_3}v_{i,f}v_{j,f}v_{l,f}x_ix_jx_l\end{aligned} \tag{2-4}$$

其中，$w_i=\sum_{f=1}^{k_1}v_{i,f}x_i$，$\hat{w}_{i_1,i_2}=\sum_{f=1}^{k_2}\prod_{j=1}^{2}v_{i_j,f}$，$\tilde{w}_{i_1,i_2,i_3}=\sum_{f=1}^{k_3}\prod_{j=1}^{3}v_{i_j,f}$，一阶隐向量长度为 k_1，二阶隐向量长度为 k_2，三阶隐向量长度为 k_3。

该模型的优势是：可以根据隐向量长度调节参数的数量，参数大幅减少，学习效率提高。不足之处在于：公式展开之后，存在特征的平方项(二阶)或立方项(三阶)，这是非常不利于参数学习的。

2.3 FM 模 型

FM 模型由 Rendle 于 2010 年提出，旨在解决稀疏数据情况下，特征组合的参数学习不充分的问题。度为 2 的 FM 模型常被称为 basicFM，模型表示为[6,32]

$$\hat{y}(x) = w_0 + \sum_{i=1}^{n} w_i x_i + \sum_{i=1}^{n} \sum_{j=i+1}^{n} \langle v_i, v_j \rangle x_i x_j \tag{2-5}$$

其中，n 代表样本的特征数量，$w_0 \in \mathbb{R}, W \in \mathbb{R}^n, V \in \mathbb{R}^{n \times k}$，$\langle \cdot, \cdot \rangle$ 表示大小为 k 的两个向量的点积，即 $\langle v_i, v_j \rangle = \sum_{p=1}^{k} v_{i,p} \cdot v_{j,p}$。通过训练为每个特征向量 x_i 学习出唯一对应的隐向量 v_i，$\langle v_i, v_j \rangle$ 作为特征交叉项 $x_i x_j$ 的权重参数。从模型公式中直观地看，FM 模型的复杂度为 $O(kn^2)$，但是通过下面的等价转换，可以将 FM 模型的二次项化简，其复杂度可优化到 $O(kn)$，即

$$\sum_{i=1}^{n} \sum_{j=i+1}^{n} \langle v_i, v_j \rangle x_i x_j = \frac{1}{2} \sum_{p=1}^{k} \left(\left(\sum_{i=1}^{n} v_{i,p} x_i \right)^2 - \sum_{i=1}^{n} v_{i,p}^2 x_i^2 \right) \tag{2-6}$$

通过 SGD 算法对 FM 模型进行训练，模型中各个参数的梯度可以表示为

$$\frac{\partial}{\partial \theta} y(x) = \begin{cases} 1, & \theta = w_0 \\ x_i, & \theta = w_i \\ x_i \sum_{j=1}^{n} v_{j,p} x_j - v_{i,p} x_i^2, & \theta = v_{i,p} \end{cases} \tag{2-7}$$

根据此公式可知，FM 模型的训练和预测的复杂度均为 $O(kn)$，即 FM 模型能够在线性时间内进行训练和预测，非常高效，这为 FM 模型的广泛应用打下坚实的理论基础，不过利用此模型的关键还在于模型输入特征向量的构造。

basicFM 中主要描述了二阶特征交互，能体现两个特征之间的相互影响。由于二阶特征交互关系的捕捉会极大地提高模型预测和学习的复杂度，所以在实际应用中通常仅使用二阶。而且 FM 模型的优点还在于：通过特征工程可以转化为矩阵分解模型、张量分解模型、SVD++模型[22]等。

二阶的 FM 模型相比于 Poly2 模型，优势表现为以下两点：第一，FM 模型所需要的参数个数远少于 Poly2 模型。FM 模型为每个特征构建一个隐向量，总参数个数为 $O(kn)$，其中 k 为隐式向量维度，n 为特征个数，通常 $k << n$；Poly2

模型为每个二阶特征组合设定一个参数来表示这个二阶特征组合的权重系数，总参数个数为 $O(n^2)$ 。第二，相比于 Poly2 模型，FM 模型能更有效地进行参数学习。当一个二阶组合特征没有出现在训练集中时，Poly2 模型则无法学习该特征组合的权重，但是 FM 模型却依然可以学习，因为该特征组合的权重是这 2 个特征的隐向量的点积，而这 2 个特征的隐向量可以分别从别的特征组合中学习得到。总体来说，FM 模型是一种非常有效的能对二阶特征组合进行自动学习的模型。

2.4　FM 模型与矩阵分解模型的转化

2.4.1　矩阵分解模型

矩阵分解指将一个稀疏且维度较高的矩阵拆解为维度较低的两个矩阵的乘积。因为现实生活中用户-物品矩阵很大，而用户的兴趣和消费能力有限，产生评分记录的物品极少，造成用户-物品评分矩阵极稀疏。矩阵分解的主要思想是认为用户的兴趣只会受少量几个因素的影响，所以一般处理起来会将稀疏高维矩阵进行降维分解，利用用户对物品的评分信息来学习用户特征矩阵 U 和物品特征矩阵 V，再通过重构出来的低维矩阵预测用户对物品的评分。由于用户和物品的特征向量维度较低，所以能够通过梯度下降的方法进行高效求解。其形式化描述如下。

对于一个推荐任务，有 n 个用户、m 个物品以及一个比较稀疏的评分矩阵 $R(R\in\mathbb{R}^{n\times m})$。$R$ 中每个元素 R_{ij} 表示用户 i 对物品 j 的评分。如果 $R_{ij}\neq 0$ ，则表示存在用户 i 对物品 j 的评分，反之则表示用户 i 没有对物品 j 进行评分。用户 i 的所有物品评分可以用向量 $(R_{i1},R_{i2},\cdots,R_{im})$ 表示，同理，每一个物品 j 的所有用户评分可以用向量 $\left(R_{1j},R_{2j},\cdots,R_{nj}\right)$ 表示。设 $u_i,v_j\in\mathbb{R}^k$ ，其中 u_i 为用户的隐因子向量(latent factor vector)， v_j 是物品 j 的隐因子向量，k 是隐空间的维度。因此，对于用户和物品的隐因子矩阵形式分别是 U 和 V。由于 $R=UV$，因此如果能求出 U 和 V，则可以求出预测评分矩阵 $\hat{R}_{ij}$ 。评分矩阵的产生过程以及矩阵分解模型的基本原理分别如图 2.1 和图 2.2 所示。

根据图 2.2，在推荐系统中，首先考虑原始用户-物品评分矩阵，即矩阵 R，同时将用户和物品映射到维度为 k 的特征因子向量空间上，在这些维度上刻画用户特征和物品特征，然后计算用户和物品隐因子向量的内积，得到用户对物品的评分预测。

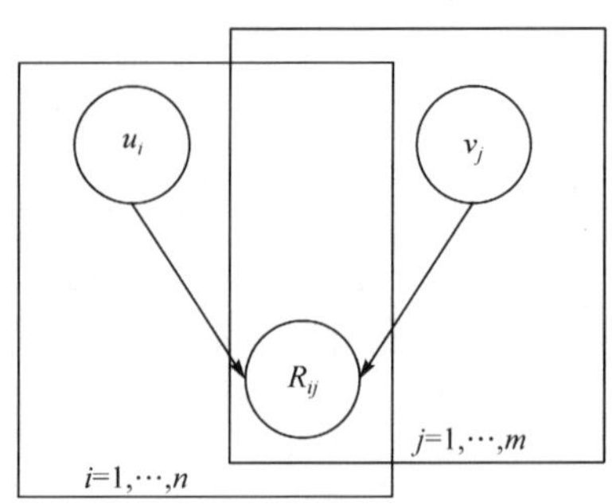

图 2.1　评分矩阵的产生过程

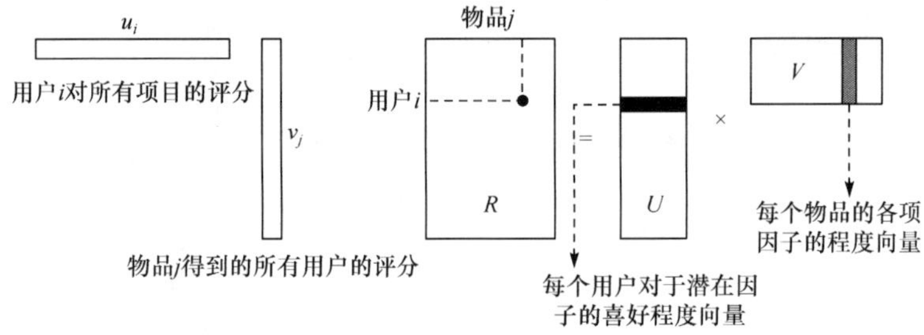

图 2.2　矩阵分解模型的基本原理

矩阵分解的预测评分可以表示为：对于任意物品 j，v_j 表示在 k 个不同维度上的物品得分，对于任意用户 i，u_i 表示在 k 个不同维度上的用户相关性或评分，预测评分的公式如下

$$\hat{R}_{ij}=U_i^{\mathrm{T}}V_j \tag{2-8}$$

矩阵分解模型通过计算 k 维用户 i 的特征向量 U_{ik} 和 k 维物品 j 的特征向量 V_{kj} 的乘积来预测评分 $\hat{R}_{ij}$，其中 $k<<\min(n,m)$。为了训练向量 U_{ik} 和 V_{kj}，可将正则化平方误差最小化

$$\frac{1}{2}\sum_{i=1}^{n}\sum_{j=1}^{m}\left(R_{ij}-U_i^{\mathrm{T}}V_j\right)^2+\frac{\lambda}{2}\left(\|U\|^2+\|V\|^2\right) \tag{2-9}$$

其中，$\|\cdot\|^2$ 表示 Frobenius 范数，具有潜在特征向量和未知用户评分的物品可以用此公式进行预测。

2.4.2　FM 模型转化为矩阵分解模型

假设在 FM 模型中只有两类变量 U 和 I，对于每个用户和物品之间的交互 $(u,i)\in U\times I$，产生向量 $x\in R^{|U|+|I|}$，可以表示为

$$(u,i) \to x = (\underbrace{0,\cdots,0,1,0,\cdots,0}_{|U|},\underbrace{0,\cdots,0,1,0,\cdots,0}_{|I|}) \tag{2-10}$$

其中第一部分中的 1 表示第 u 个用户，第二部分中的 1 表示第 i 个物品，相应的 FM 模型表示为

$$\hat{y}(x) = \hat{y}(u,i) = w_0 + w_u + w_i + \sum_{f=1}^{k} v_{u,f} v_{i,f} \tag{2-11}$$

经过处理后的 FM 模型即可转化为矩阵分解模型。

2.5　FM 模型的高阶扩展

尽管 basicFM 已经表现出较高的性能，但是更高阶的特征组合仍然引起研究者的兴趣。Knoll 等提出了 FM 模型的高阶扩展模型高阶因子分解机(high-order factorization machine，HOFM)模型[33]，并且推导出了三阶 FM 模型的线性表示形式，可以用线性复杂度训练此三阶模型。为了把基本的二阶 FM 模型扩展到三阶，定义一个矩阵 $U \in \mathbb{R}^{p\times m}$， $w_0 \in \mathbb{R}, W \in \mathbb{R}^n, V \in \mathbb{R}^{n\times k}$ 。三阶的 FM 模型可以表示为[34]

$$\begin{aligned}\hat{y}(x) = w_0 + \sum_{j=1}^{n} w_i x_i + \sum_{j=1}^{n}\sum_{j'=j+1}^{n} x_j x_{j'} \sum_{f=1}^{k} v_{j,f} v_{j',f} \\ + \sum_{j=1}^{n}\sum_{j'=j+1}^{n}\sum_{j''=j'+1}^{n} x_j x_{j'} x_{j''} \sum_{f=1}^{m} u_{j,f} u_{j',f} u_{j'',f}\end{aligned} \tag{2-12}$$

引入三阶交互后，也不会丢失线性复杂性，因为三阶交互可以推导为

$$\begin{aligned}&\sum_{j=1}^{n}\sum_{j'=j+1}^{n}\sum_{j''=j'+1}^{n} x_j x_{j'} x_{j''} \sum_{f=1}^{m} u_{j,f} u_{j',f} u_{j'',f} \\ &= \sum_{f=1}^{m}\left[\frac{1}{6}\left(\sum_{j=1}^{n} x_j u_{j,f}\right)^3 - \frac{1}{2}\left(\sum_{j=1}^{n} x_j^2 u_{j,f}^2 \sum_{j=1}^{n} x_j u_{j,f}\right) + \frac{1}{3}\left(\sum_{j=1}^{n} x_j^3 u_{j,f}^3\right)\right]\end{aligned} \tag{2-13}$$

通过 SGD 算法对 FM 模型进行训练，三阶 FM 模型各个参数的梯度表示为

$$\frac{\partial}{\partial\theta}\hat{y}(x) = \begin{cases} 1, & \theta = w_0 \\ x_j, & \theta = w_j \\ x_j(\sum_{j'=1}^{n} v_{j',f} x_{j'}) - v_{j,f} x_j^2, & \theta = v_{j,f} \\ \frac{1}{2} x_j(\sum_{j'=1}^{n} u_{j',f} x_{j'})^2 - u_{j,f} x_j^2 (\sum_{j'=1}^{n} u_{j',f} x_{j'}) & \\ \quad - \frac{1}{2} x_j (\sum_{j'=1}^{n} u_{j',f}^2 x_{j'}^2) + u_{j,f}^2 x_j^3, & \theta = u_{j,f} \end{cases} \tag{2-14}$$

Knoll 实现的三阶 FM 模型方法与 Blondel 等提出的方法类似[34]。Prillo[35]等观察到：给定 $n+2(n\geqslant 1)$个向量，一定有两个向量的内积是非负数。所以对于一个三角形关系，两条负数边对应的一定是正数边，这与实际应用会有不符。因此对于某些数据集，FM 模型不能学习到二阶交互参数，这是 FM 模型的局限性，所以提出 1.5-way FM。

并非越高阶的特征交互一定能带来越好的预测效果，Knoll 等对高阶的 FM 模型和马尔可夫随机游走(Markov random walk,MRW)方法进行比较后发现，在只有用户对物品的评分数据时，MRW 较 FM 模型表现得更好，但如果再增加了标签、物品种类等数据特征时，FM 模型会取得更好的效果[36]。Yurochkin 等提出自适应的随机多阶交互(multi-way interaction of arbitrary order, MiFM)模型[37]，这个交互的选择由一个基于随机超图的先验分布来决定。

2.6 FM 模型的场交互扩展

虽然特征之间的非线性交互关系能够为预测提供更多的信息，但是并非所有的特征交互都有效，采用独热编码后，特征之间的层次结构关系被全部摒弃，这将使得参数评估更复杂，预测准确度不够理想。相关研究主要从两个方面让模型能够体现特征之间的关系：基于场的交互和基于层次关系的交互。

FFM 模型是在 FM 模型的基础上，将相同性质的特征归于同一个场[24]。除了特征的一维线性组合，很多的数据集表现出来的特性表明，对不同场之间的特征交互的捕捉也非常重要，FM 模型的提出是为了解决特征的交互问题。在多场的类别数据(multi-field categorical data)中，每个场中的特征都会和其余各场中的特征有着不同程度的交互，FFM 模型为每个与其他各场交互的特征都学习一个唯一对应的隐向量，从而充分利用数据中的场信息。在 FFM 模型中，每一个特征 x_i，针对其他特征的每一个场 f_j，都会学习产生一个隐向量 w_{i,f_j}。因此，隐向量不仅与特征相关，也与场相关。假设样本的 n 个特征属于 f 个场，那么 FFM 模型的二次项则有 $n\cdot f$ 个隐向量。根据 FFM 模型的场敏感特性，导出其模型方程[24]

$$\hat{y}(x)=w_0+\sum_{i=1}^{n}w_ix_i+\sum_{i=1}^{n}\sum_{j=i+1}^{n}\left\langle w_{i,f_j},w_{j,f_i}\right\rangle x_ix_j \tag{2-15}$$

其中，f_j 是第 j 个特征所属的场。如果隐向量的长度为 k，那么 FFM 模型的一次项参数有 n 个，二次参数有 $n\cdot f\cdot k$ 个，模型预测复杂度是 $O(kn^2+kn)$。参数个数的设置对预测准确度会有较大影响。FFM 模型还支持并行化处理，所以计算速度可以进一步提高。而且 FFM 模型以场为基础，在稀疏数据的处理上比 LR、Poly2、FM 模型效果要好很多。

虽然 FFM 模型能很好地利用数据中的场信息，然而 FFM 模型中的参数数量与特征数乘以场数量的积成正比，这使得实际应用场景下，参数数量会轻易达到数以千万计甚至更多。这在现实世界的生产系统中是不可接受的。场加权的分解机 FWFM(field weight factorization machine)模型可以解决此问题[38]。

特征 i 和特征 j 的交互表示为 $x_i x_j \langle v_i, v_j \rangle r_{F(i),F(j)}$，其中 x_i 和 x_j 分别为特征 i 和特征 j 对应的嵌入向量，$F(i)$ 和 $F(j)$ 分别为特征 i 和特征 j 所属的场，$r_{F(i),F(j)}$ 为场 $F(i)$ 和场 $F(j)$ 之间的交互强度。FWFM 模型定义为

$$\hat{y}(x) = w_0 + \sum_{i=1}^{n} w_i x_i + \sum_{i=1}^{n} \sum_{j=i+1}^{n} x_i x_j \langle v_i, v_j \rangle r_{F(i),F(j)} \tag{2-16}$$

FWFM 模型相当于 FFM 模型的扩展形式，通过增加权重 $r_{F(i),F(j)}$ ($F_k \neq F(i)$) 来显式地捕捉不同场之间的交互程度。FFM 模型通过特征 i 与场 j 中的特征进行交互时，学习出隐向量 $v_{i,F(j)}$，隐式地捕捉不同场之间的交互程度。n 和 m 分别是特征数与场数量，k 为隐向量的维度，忽略偏置项 w_0，那么 FM 模型的参数数量为 $n + n \cdot k$，FFM 模型的参数数量为 $n + n \cdot (m-1) \cdot k$，FWFM 模型的参数个数为 $n + n \cdot k + m \cdot (m-1)/2$。一般地，$m \ll n$，所以 FWFM 模型相比 FFM 模型参数数量少得多，FWFM 模型以远低于 FFM 模型的参数数量，取得了可以与 FFM 模型相竞争的预测准确度，从而能更好地应用于实际的生产系统中。

2.7　FM 模型的层次交互扩展

真实应用场景中，上下文(context)特征之间存在着层次关系。但是 FM 模型在预测过程中很少去挖掘上下文特征的层级特性，因此其预测效果会受到影响。以下对 FM 模型进行层次数据交互扩展。

其一，针对 basicFM 没有充分利用用户和物品中有价值的分类信息(valuable category information)，Zhao 等对用户、物品及其分类关系进行了探索[39]。首先在考虑用户对某些物品分类的偏好时，提出用户加权因子分解机(user weight factorization machine, UWFM)模型；然后在考虑物品对用户分类的影响时，提出物品加权因子分解机(item weight factorization machine, IWFM)模型；最后合并这两个模型，提出类别加权因子分解机(category weight factorization machine, CWFM)模型。

CWFM 模型使用层级的分类信息(hierarchical category information)来避免带有附属关系(subordinate relation)的特征进行交互。由于物品与其所属的类别特征、用户与其所属的类别特征之间存在附属关系，即每个物品或用户必定属于某个类别，所以模型会确保用户与物品之间进行交互，以及用户与物品所属的类别特征进行交互时，能够相互独立，互不影响，从而更好地利用数据中带有的层级的种类信息来提升模型准确度。

Wang 等提出两阶段的建模方法分层因子分解机(hierarchical factorization machine,HFM)模型[40]。第一阶段，首先在每个树结构的各节点上局部训练获取 FM 模型的参数，并返回初始输出(粗粒度)，通过树结构的马尔可夫模型(tree-structured Markov model)来对输出进行全局调整。第二阶段，使用广义的卡尔曼滤波算法(generalized Kalman filtering algorithm)。比如对于数据集 MovieLens-1M，可以分别对用户、物品和时间属性进行三层的结构分层，用户为“Root→Gender→Age”，物品为“Root→Release-year→Genre”，时间为“Root→Day-of-week→Year”。

其二，针对特征之间的强层次关系进行交互。强层次关系是指：$w_{i,j} \neq 0 \Rightarrow w_i \neq 0, w_j \neq 0$。

Guo 等提出强分层 ANOVA 核回归(strong hierarchical ANOVA kernel regression，SHA^2)模型及其特殊情况 ($\beta = 1$) 下的强分层因子分解机(strong hierarchical factorization machine，SHFM)模型[41]。SHA^2 模型表示为

$$\hat{y}_{\mathrm{SHA}^2}(x) = b + \sum_{i=0}^{p} \sum_{j=i+1}^{p} \left\langle v_i \odot \beta, v_j \right\rangle x_i x_j \tag{2-17}$$

其三，为了强调某些特征的重要性，Oentaryo 等提出基于重要性的分层因子分解机(hierarchical importance-aware factorization machine,HIFM)模型[42]，把重要性权重(importance weight)和层次学习(hierarchical learning)引入到模型中。如对于曝光率高的广告会分配更高的权重，因为如果没能准确预测此类广告，将会带来很大的损失，所以在模型中会赋予它们更高的权重。

2.8　FM 模型与其他模型的集成

集成学习(ensemble learning)通常构建并结合多个弱学习器(weak learner)来完成学习任务。根据个体学习器的生成方式，目前的集成学习方法可分为：第一，个体学习器间存在强依赖关系，必须串行生成的序列化方法，代表技术有 boosting；第二，个体学习器间不存在强依赖关系，可同时生成的并行化方法，代表技术有 Bagging 和随机森林(random forest)。根据多个学习器是否相同又分

为同质集成和异质集成两种。尽管 FM 模型在预测和推荐领域相对其他隐因子模型具有更好的通用性且能够取得更好的效果，但是在某些应用场合也会表现出局限性，所以在某些应用场景中把 FM 模型与其他模型进行集成，能够提供更多选择方案。以下对已经研究过的各种集成方案进行总结。

(1) 同质模型集成

Yuan 等引入了 boosting 框架技术，提出 BoostFM 模型[43]。根据用户与物品的特征信息和用户的隐式反馈(implicit feedback)信息来统一建模，通过加权组合的方式将多个同质的弱学习器转成为一个强学习器。Yan 等对原始特征的三个方面(用户、物品、时间)分别抽取用户特征、物品特征、时间特征；然后通过梯度提升决策树(gradient boosting decision tree, GBDT)和 FFM 模型学习到更加抽象的衍生特征，接着通过这两个不同的特征集训练出两个不同的 FFM 模型；最后让这两个 FFM 模型做非线性加权集成[44]。Hong 等提出多因子分解机(co-factorization machine,CoFM)模型[45]，采用 FM 模型同时对用户的决定(decision)，即转发推特和用户转发推特的主题内容进行建模，两方面的数据训练出两个独立的 FM 模型，最终这两个 FM 模型进行协同后输出结果。

(2) 异质模型集成

Leksin 等将三种模型，即 FM 模型、基于物品的协同过滤模型、基于内容的主题标题模型，进行线性组合、加权组合，最终结果相较使用单一的方法有较大的准确度提升[46]。

(3) 把单输出问题转为多输出或者回归问题

Blondel 等把 FM 模型只能输出单值的限制扩展到多输出，主要是把基于标量的学习函数扩展为基于向量的学习函数，采用一个 3-路的张量，把二分类问题扩展为多分类问题[47]。Wang 等提出随机分区因子分解机(random partition factorization machine,RPFM)模型[48]，为了有效利用不同的上下文信息，采用随机决策树算法的思想，将样本中相似用户、物品或具有相似上下文的样本分发到树的相同节点中，同一节点中的各样本比处于原始数据集中的各样本之间具有更高的相关度。当要预测一个新样本时，先根据已建立的好的树状结构，找到此样本应在的叶节点，然后使用该叶节点上已训练好的 FM 模型，求得此输入样本的输出预测值。若一共建立 N 棵树，对于此样本会有 N 个输出，最后取平均值，便是此新样本的最终输出预测值 $\hat{y}(x_i)=\frac{1}{N}\sum_{t=1}^{N}\hat{y}_t(x_i)$。模型首先采用 K-means 聚类算法，对决策树中的节点进行划分，将隐因子向量间的相似性作为划分标准，这样划分出来的每个子节点中的样本会具有更高的相关性。Pijnenburg 等针对 LR 模型不能处理具有大量可能值的分类变量的问题，通过另一种建模技术来解决，比如朴素贝叶斯；然而，这样处理又失去了回归的一些优点，即模型对变量解释值的显式估计，以及对变量到变量依赖的明确洞察和控制。让 LR 去直接处理多层次分类变量(many levels categorical variable)将产生稀疏的设计矩阵(design matrix)，这会导致模型过拟合，产生极端系数值，所以对过长的运行时间预先通过 FM 模型将多层次分类变量转换成少量的数值变量，然后再应用于 LR 模型进行处理[49]。

2.9 本章小结

FM 模型的普适性和灵活性，使之成为学术界的研究热点。通过比较 FM 模型与其他模型之间的关联关系，阐述了 FM 模型的工作原理；从特征的高阶交互、特征的场交互、特征的分层交互，以及基于特征工程的特征提取、合并、智能选择和提升等角度总结了模型碰到不同问题以及在不同领域应用时进行扩展的方法、策略和关键技术；比较和分析了 FM 模型与其他模型的集成方式和特点，为 FM 模型的深入研究和应用提供了新的思路。

第 3 章　特征工程及其对 FM 模型的影响

在工业界广泛流传着一句话：数据和特征决定了机器学习的上限，而模型和算法只能逼近这个上限而已。特征工程指把原始数据转变为模型的训练数据的过程，它的目的就是获取更好的训练数据特征，使得机器学习模型逼近这个上限。

本章将从特征定义出发，阐述特征工程的相关方法，总结和归纳 FM 模型中相关的特征工程方法和技术，通过对 FM 模型的应用汇总进一步体现其应用的广泛性和有效性。

3.1　属性、特征、特征向量和数据集

机器学习，首先需要的是数据，如(性别=女；年龄=20；教育水平=本科；兴趣=爱情片)，(性别=男；年龄=20；教育水平=本科；兴趣=科幻片)，(性别=男；年龄=25；教育水平=硕士；兴趣=动作片)，每个括号内的数据是一条记录。

记录的集合称为一个“数据集”，每条记录是关于一个事件(如用户)的描述，称为一个“示例”(instance)。反映事件在某方面的表现或性质，如“性别”“年龄”“教育水平”“兴趣”，被称为“属性”(attribute)或“特征”(feature)；属性上的取值，如“男”和“女”，被称为“属性值”(attribute value)；属性张成的空间被称为“属性空间”(attribute space)、“样本空间”(sample space)或“输入空间”。如“性别”“年龄”“教育水平”“兴趣”可作为坐标轴，用于描述用户属性空间，这是一个思维空间。每个用户都可以在此空间中找到自己的坐标位置。空间中每个点对应一个坐标向量，把这每个点(对应一个示例)称为一个“特征向量”(feature vector)。

从数据中学得模型的过程称为“学习”(learning)或“训练”(training)，这个过程通过执行某个学习算法来完成，训练过程中使用的数据称为“训练数据”(training data)，所有参与训练的数据集合称为“训练集”(training dataset)。

训练集、验证集(validation dataset)和测试集(test dataset)这三个名词在机器学习领域极其常见，但很多人并不是特别清楚，尤其是后两个经常被混用。在有监督(supervise)的机器学习中，数据集常被分成 2—3 个，即训练集、验证集和测试集。图 3.1 描述了这三者之间的关系。

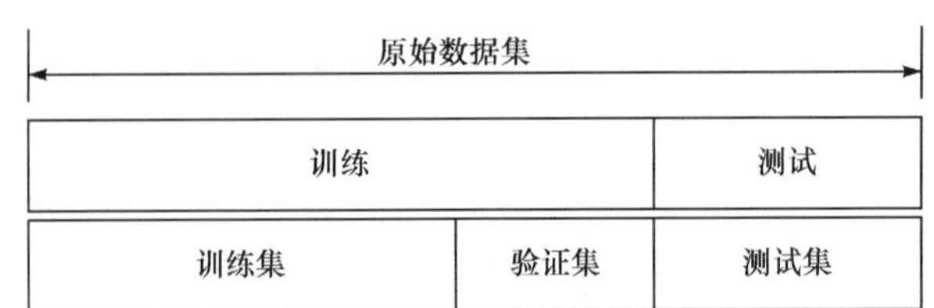

图 3.1　训练集、验证集和测试集之间的关系

训练集的作用是估计模型，通过匹配一些参数来建立一个分类器，主要是用来训练模型的。验证集的作用是确定网络结构或者控制模型复杂程度的参数，即对学习出来的模型，调整分类器的参数。测试集的作用是检验最终选择最优的模型的性能，即测试训练好的模型的分辨能力(识别率等)。一个典型的划分是训练集占总样本的 50%，而其他各占 25%，三部分都是从样本中随机抽取。

3.2　特 征 工 程

好的特征允许开发者更加灵活地选择模型，不必花太多时间去寻找模型的最优参数，大大降低模型的复杂度，提高模型的执行效率。在工业应用中，特征比算法重要，数据比特征重要，有很多 Kaggle 参赛者分享经验时也是说特征工程很重要。根据归纳和总结，特征工程可以分为数据预处理、特征选择、降维三个部分。

在实际生活中，接触到的一手数据往往是有缺陷的，表现在数据量纲不统一(单位等不统一)、数据缺失、文本数据无法直接进行计算等。

针对数据量纲不统一的情况，可以采用标准化进行处理。本书采用的标准化方法是 z-score 标准化[①]，根据特征的均值和标准差进行标准化，使处理后的数据满足标准高斯分布。假设 d_i 为向量 D 中的数据，则标准化后 $d_i=\left(d_i-\bar{D}\right)/\mathrm{std}(D)$。

针对数据缺失的情况，一般会选择删除缺失行或者填充缺失数据。填充的方式有均值填充、中位数填充等，如果是有时间顺序的数据缺失，本书一般选择前几天和后几天同一时间段的数据的平均值进行填充。对于文本数据可以使用自然语言处理(natural language processing，NLP)等相关方法来获取其特征向量，图像特征可以通过 CNN 提取特征向量，目录特征则需要使用独热编码。

实际应用中，特征数量往往较多，其中可能存在不相关的特征，特征之间可能相互依赖。直接使用所有特征可能导致模型过于复杂，难以训练。本书的解决

---

① https://en.wikipedia.org/wiki/Standard_score

方案是首先过滤掉不必要的特征，然后使用模型选择最好的特征，如本书第 5 章中 iFFM 模型将特征选择嵌入到模型求解的过程中。

另外，对于一些数值特征需要离散化处理的情况，如用户的年龄等，需要将其进行年龄段划分。本书认为考虑具体的年龄意义不大，而年龄段更能够反映用户的特征。在生活中，也经常按照年龄对用户进行分类，比如“90 后”、“95 后”、“00 后”等。本书第 6 章在建模的时候也将用户评分时间划分为时间段进行处理。

常用的数据降维手段有主成分分析法(principal component analysis，PCA)和线性判别分析法(linear discriminant analysis，LDA)。主成分分析法的原理是将一个高维向量 f_i 通过一个特殊的特征向量 W 投影到一个低维的空间向量中，得到一个低维向量 Wf_i，该低维向量保存了高维向量的主要信息。通过低维向量和特征矩阵向量，可以基本构建原始的高维向量。主成分分析法在图像识别中用得比较多，如通过一个矩阵对经过 AlexNet 训练出来的高维向量进行降维。线性判别分析法的原理同样是将高维向量投影到低维空间，从而实现分类信息提取和特征空间维度压缩。线性判别分析法通过将模式样本投影到新的子空间中，使其在该空间内类间距离最大化，类内距离最小化，从而确保在新的子空间中有最好的模式分离。主成分分析法主要是从特征的协方差角度去找到比较好的投影方式。线性判别分析法更多考虑标注，目的是期望在投影之后，不同类别的数据点间的距离会变得更大，并且相同类别的数据点之间变得更加紧密。更多的特征选择方式可以参考文献[50]。

3.3　特征的来源

大数据背景下，用于学习的属性来源以及数据量增多。不同推荐模型中采用的学习属性也不尽相同，目前用于建立模型的属性主要分为以下三类：

第一，传统的属性包括用户和物品的固有特征、显式的用户评分、隐式的用户反馈。大多数传统的推荐系统都基于用户评分来构建模型，虽然评分能显式地反映出用户的喜恶倾向，但并不容易获得，所以数据通常是稀疏的。隐式的用户反馈普遍存在于互联网中，如用户在观看电影、收听音乐、浏览或购买商品等活动时留下的行为痕迹都可以看成是隐式反馈。隐式反馈收集成本低，不影响用户体验，而且数据规模通常很大，研究通过大规模的隐式反馈构建推荐系统具有理论意义和极强的应用价值。

第二，近年出现很多利用社交网络和移动位置信息进行协同过滤推荐的相关方法研究。基于新浪微博的商业智能推荐系统 METIS，通过爬取大量用户的新浪微博内容，提取用户需求信息以及用户的人口统计特征，可为用户推荐物品列表。孟祥武等认为在社会化网络日益盛行的当下，把用户的社会属性信息引入到推荐系统中，不仅满足社会化网络发展对推荐技术的要求，而且符合人类社会学有关推荐决策的基本原理，同时也促进推荐系统的快速发展[4]。不过在时尚电商中利用社交网络和位置等信息进行推荐需要第三方的支持。

第三，随着机器视觉领域中深度学习的广泛应用，一些时尚推荐系统研究开始关注物品本身的图片，把图片高维视觉特性作为模型属性的一部分[27,29]。由于这类属性不需要第三方的支持，容易获得，而且描述准确，所以如何应用图片视觉特征来提高推荐准确度成为目前推荐领域的研究热点，并在顶级国际会议 RecSys 2017 中作为重要主题列出。

例如，针对时尚电商推荐，可以采用的相关特征来源如下：

① 用户信息，如姓名、年龄、性别、职业等。

② 时尚物品信息，如“CacheCache2018 秋新款欧美文艺复古露肩蕾丝字母印花短袖 T 恤女，49.9 元，品牌 Cache Cache，短袖，宽松，圆领，印花，成分为聚酰胺纤维(锦纶)42.6%、棉 39.8%、聚酯纤维 1.5%、其他 16.1%，亮白”。

③ 用户评论，如“这件衣服春天在实体店试过，当时是原价。现在真的好便宜啊，就买了。不过不是很显瘦，甚至有点显胖，不在空调房间里夏天穿着应该会比较热”。

④ 物品图像，如图 3.2 所示。

⑤ 用户购买历史信息，如已购 1 件类似白色 T 恤。

⑥ 用户点击信息，如曾经点击过此物品或类似物品。

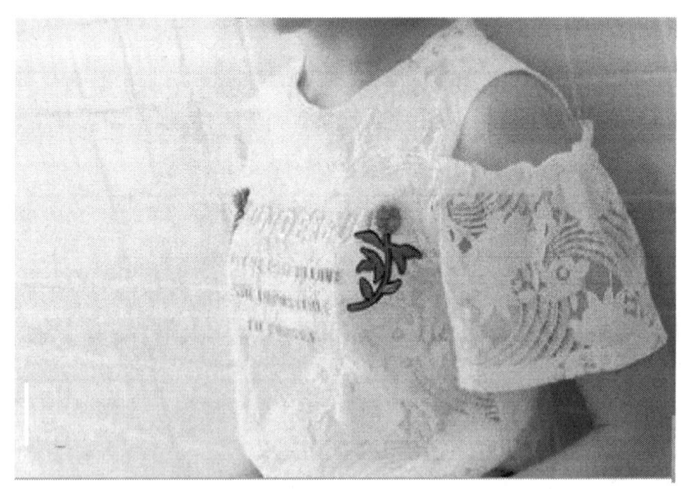

图 3.2　物品图像示例(来自天猫)

3.4　FM 模型相关研究中的特征工程

FM 模型中的特征很多也是依赖于人工方式来进行选择和设计。特征的多少会影响模型的计算复杂度，有些重要的特征和特征组合无法被专家轻易识别。所以实现特征的预处理以及自动组合挖掘，也成为推荐系统的一个研究热点。相比于其他机器学习系统，推荐系统更依赖于特征工程。根据使用的自动化程度，特征工程又分为人工特征工程和自动化特征工程。以下总结特征工程在 FM 模型中的应用和影响。

(1) 从原始特征中提取更多的信息，再将之与原始特征一起作为 FM 模型的输入

Loni 等并不单独引入额外的信息，而是利用聚类算法从已有的用户物品评分中充分挖掘信息，并将之作为部分新的特征，提高 FM 模型的预测准确度[51]。由于用户和物品的簇(cluster)信息隐藏在用户物品矩阵之中，层次交互扩展中采用的策略是由专家指定用户和物品的分类，使用 K-means 聚类算法，将相近的用户聚为一个簇，最终每个簇都会分配一个在域(domain)中的唯一 ID，然后将每个域中各个用户和物品的簇信息添加到 FM 模型的输入特征向量中，从而扩增了 FM 模型的输入特征向量的维度。即将隐藏在用户物品评分信息中的特征提取出来，并显式地添加到 FM 模型的输入特征向量之中，最终起到提高模型预测准确度的目的[51]。不过这个方法存在新用户的冷启动问题，因为对于刚注册的用户，由于缺少足够的历史信息，聚成簇会损失掉新用户的个性化问题。可以采用以下解决方法：以电子商品推荐为例，可以分别对老用户(比如可以假定购买 5 件以上商品的用户为老用户)和新用户分别聚类，这样可以减少损失过多的新用户信息。

(2) 从原始特征中选择部分重要特征，或者进行特征的合并

并非所有特征的交互都有效，有些交互可能会成为噪声，破坏模型的泛化能力。从原始特征中选择重要特征，或者过滤掉不重要的特征，或者进行特征的合并，会实现减少特征数的同时，进一步提高预测准确度和计算效率。Cheng 等提出梯度提升因子分解机(gradient boosting factorization machine，GBFM)模型[52]，把 GBM(gradient boosting machine)和 FM 模型结合，着重于选取好的特征进行交互。提升方法的思路为：对于一个复杂的问题，将多个专家的判断进行适当综合，所得出的结果要比任何一个专家单独判断更加精确。每一步产生一个弱预测模型(如决策树)，并加权累加到总模型中，可以用于回归和分类问

题；而梯度提升是在此思想下的一种函数或模型的优化方法，如果每一步的弱预测模型都是拟合损失函数的负梯度而得，则称之为梯度提升。通过损失函数在梯度上减少的方式进行m次迭代，最终合并得到一个优秀的提升模型。GBFM模型训练的主要的迭代公式为

$$\widehat{y}_s(x)=\widehat{y}_{s-1}(x)+\sum_{i\in C_p}\sum_{j\in C_q}\prod[i,j\in x]\left\langle V_p^i,V_q^j\right\rangle \tag{3-1}$$

GBFM 模型中如何选取好的特征是重点，采取的特征选择算法应该选择尽可能使目标函数降低最快的特征。比如，现在有用户、物品和情感(mood)三个上下文特征，对于原始 FM 模型，其模型为

$$\widehat{y}\ (x(u,i,c_3))=w_0+w_u+w_i+\left\langle V_u,V_i\right\rangle+\left\langle V_u,V_{C_3}\right\rangle+\left\langle V_i,V_{C_3}\right\rangle \tag{3-2}$$

即含有所有特征的交互，而 GBFM 模型训练完成特征选择后，最终可能去除了物品和情感的交互，产生的模型可能是

$$\widehat{y}\ (x(u,i,c_3))=w_0+w_u+w_i+\left\langle V_u,V_i\right\rangle+\left\langle V_u,V_{C_3}\right\rangle \tag{3-3}$$

Xu 等认为，GBFM 模型通过基于梯度提升的贪心算法选择特征交互，降低了模型复杂度。但是使用启发式算法并不是最优的特征交互选择方式，并且经过这种方式处理后的交互特征的数量仍然十分庞大，所以提出稀疏因子分解机(sparse factorization machine，SFM)模型[53]，从学习模型中直接选取交互特征，交互过程中的所有无用特征将会被剔除。减少模型的复杂度，识别出有关联的用户特征和物品特征，即仅对有关联的特征进行交互，需要学习的参数也大幅减少，模型表示为

$$L_{\mathrm{FM}}=(P,Q)=\sum_{p,q}\left(r_{pq}-\begin{bmatrix}x_p^U\\x_q^I\end{bmatrix}^{\mathrm{T}}\begin{bmatrix}P\\0\end{bmatrix}\begin{bmatrix}0\\Q\end{bmatrix}^{\mathrm{T}}\begin{bmatrix}x_p^U\\x_q^I\end{bmatrix}\right)^2=\|R-X_UPQ^{\mathrm{T}}X_I^{\mathrm{T}}\|_F^2 \tag{3-4}$$

Selsaas 等根据属性值进行自动的特征合并，然后进行交互，能够有效缓解特征的稀疏性。如在考虑设备属性时，PC 机具有 IP 地址和 Cookie，移动电话则没有 IP 地址，但是它绑定了电话号码，如果按照独热编码方式将产生很多的特征，而且很多特征是稀疏的。所以在采用模型预测之前先对这些特征进行合并，既能减少计算时间，也能提高预测准确度[54]。Punjabi 等提出鲁棒因子分解机(robust factorization machine，RFM)模型和基于场的 FM 变体模型鲁棒场感知分解机(robust field-aware factorization machine，RFFM)。数据在收集过程中采用不同的设备，因为浏览器不同，即使相同的设备也会产生不同的数据，这对数据质量是一个挑战，采用鲁棒优化(robust optimization，RO)框架可以去除噪声[55]。Lu

等针对多视图学习(multi-view learning，MVL)和多任务学习(multi-task learning，MTL)提出多线性因子分解机(multilinear factorization machine，MFM)模型来应对异构的多源特征[56]。Liu 等提出局部线性因子分解机(locally linear factorization machine，LLFM)模型来应对局部线性分类器(locally linear classifier)问题[57]。

(3) 对模型属性进行提升，不同属性可以选择不同的提升方法

在实际应用中，用户和物品具有针对性，即属性会表现出一定的特征偏好。以用户为例，“80 后”及“90 后”初期的男性用户可能会特别喜欢类似于《生化危机 6》《魔兽》《刺客信条》等游戏改编的电影；而“90 后”女性，特别是“95 后”女性可能更中意《从你的全世界路过》《有一个地方只有我们知道》《属于你的我的初恋》等爱情片。另外，不同属性之间的影响程度也不同。例如，用户所属职业的重要程度要高于用户家庭所在的地理位置。本书在 FFM 模型的基础上提出 iFFM 模型[26]，该模型对关键属性进行提升，运用特征工程技术将因子选择智能地嵌入到算法求解过程中，并综合利用 Gibbs 采样和 SGD 算法来提高推荐准确度。iFFM 模型中对特征 x_i 进行关系映射，表示为

$$\hat{x}_i = x_i + B_i \tag{3-5}$$

其中，B_i 表示属性 x_i 的提升项，可以进一步分解为 $u_i^{\mathrm{T}} p_u$ (对应用户)或者 $v_i^{\mathrm{T}} q_v$ (对应物品)，p_u 和 q_v 分别为用户的偏好、物品与属性的关联程度，u_i 和 v_i 为相应影响权重。假设 x_i 表示“爱情片”，那么 $u_i^{\mathrm{T}} p_u$ 刻画的是用户对“爱情片”的隐含态度。假设 x_i 表示“动作片”，即使用户在数据集上没有观看“动作片”的记录，则依然可以用 $u_i^{\mathrm{T}} p_u$ 模拟用户的偏好。此时用户的偏好和物品的属性特征可以表示为

$$\varphi'_{\text{user}}(x) = \sum_{i=1, i \notin t(u)}^{t_1} w'_{fi}\left(x_i + u_i^{\mathrm{T}} p_u\right) = \varphi_{\text{user}}(x) + \sum_{i=1, i \notin t(u)}^{t_1} w'_{fi} x_i \tag{3-6}$$

$$\varphi'_{\text{item}}(x) = \sum_{i=1, i \notin t(v)}^{t_2} w'_{f_i}\left(x_i + v_i^{\mathrm{T}} q_v\right) = \varphi_{\text{item}}(x) + \sum_{i=1, i \notin t(v)}^{t_2} w'_{f_i} x_i \tag{3-7}$$

其中，w'_{fi} 为特征 x_i 所在的场中 f_i 对 x_i 的影响权重。实际操作中，先判断 x_i 所在的场中 f_i 所属的集合：若是用户属性集合，则按照式(3-6)计算；若是物品属性集合，则按照式(3-7)来计算；其余情况下，默认结果为 0。模型表示为

$$\varphi_{\text{iFFM}}(w, x) = w_0 + \sum_{i=1}^{n} w_i x_i + \varphi_{\text{user}}(x) + \varphi_{\text{item}}(x) + \sum_{i=1}^{n} \sum_{j=i+1}^{n} \left\langle w_{i,f_j}, w_{j,f_i} \right\rangle x_i x_j \tag{3-8}$$

面对动态的大数据环境，Kitazawa 等对于数据经常发生变化的在线应用提供增量式的 FM 模型增量因子分解机(incremental factorization machine，iFM)及

相应的学习方法[58]。

(4) 在模型中添加社交信息或信任信息相关的特征来提高准确度

随着社会网络和移动技术的发展，社交信息在预测和推荐中起到越来越大的作用。Ding 等提出社会与众包因子分解机(social and crowdsourcing factorization machine，SCFM)模型，在 FM 模型中添加社交和众包信息[59]。Zhou 等提出 SocialFM 模型，基于社交关系对 FM 模型进行改进，该模型中采用的输入包括用户、物品、用户之间的相似性和信任关系，通过用户之间的关系来提高推荐准确度[60]。Rendle 等也提出采用特征工程，如社会网络信息来提高推荐正确度[50]。

(5) 在模型中添加偏置进行调整，平衡特征在模型中所占的比重

Chen 等指出大多数的推荐系统都在推荐流行度高的物品，缺乏新颖性，也导致长尾现象的产生[61]，其原因是在训练数据集中，频繁出现的物品占据了整个物品集的绝大部分，导致推荐系统给出的推荐列表中流行度高的物品占据绝大部分。为了缓解这种现象，应尽可能推荐一些用户没有接触过但可能会感兴趣的物品，因此提出代价敏感因子分解机(cost-sensitive factorization machine，CSFM)模型。其构建思想是降低流行度偏置(popularity bias)，在推荐准确度和物品流行度之间找到平衡点；其建构方法是将代价敏感学习(cost-sensitive learning，CSL)与 FM 模型进行融合，在不破坏推荐质量的基础上，达到降低流行度偏置的目的。

3.5 FM 模型的应用领域

随着 FM 模型的广泛推广，凡是推荐系统应用到的领域，都可以看到 FM 模型的影子。尤其是电子商务平台，极大地推动了推荐方法和技术的研究。

FM 模型在诸多领域得到应用，如微博排名[62]、实体分类[63]、情感分类[64]、表演艺术市场决策[65]等。在实际应用中可根据具体问题来选择具体特征，调节参数来达到比较好的预测和推荐效果。表 3.1 列出了 FM 模型被提出后，在各个领域的应用情况。

表 3.1 FM 模型的应用领域

应用领域	预测和推荐任务
电影评分[6]	对电影进行评分预测，为新老用户推荐电影
计算广告领域[24,66]	广告点击率和转化率预测，为用户推荐广告
电子商务领域[45,67,68]	预测用户的购买行为，为用户推荐商品

续表

应用领域	预测和推荐任务
Web 服务领域[69-71]	Web 服务的 QoS 预测，推荐 Web 服务及组合
股票领域[72]	预测股票走势，为用户推荐股票
基因领域[73]	对基因进行分类
信用领域[74]	预测用户的信用等级
找工作领域[46]	为用户推荐合适的工作机会
移动 APP[75]	为用户推荐可能感兴趣的移动 APP
异常检测[76]	从使用行为中检测异常点

图 3.3 为基于 FM 模型的质量感知 Web 服务推荐示例[71]，图中 LAFM 指位置感知因子分解机(location-aware factorization machine)模型。采用的特征及其处理如下：

① 用户-服务 QoS 矩阵构建。此矩阵收集了全体用户调用 Web 服务的历史记录，以矩阵方式存储。

② 相似用户邻居计算。根据当前用户所在的网络位置，考虑其他用户的位置，计算用户之间的相似性。

③ 相似服务计算。根据当前服务所在的网络位置，考虑其他服务的位置和 QoS 数据，计算服务之间的相似性。

然后把这些特征作为FM模型的输入，FM模型的输出将为服务推荐提供依据。

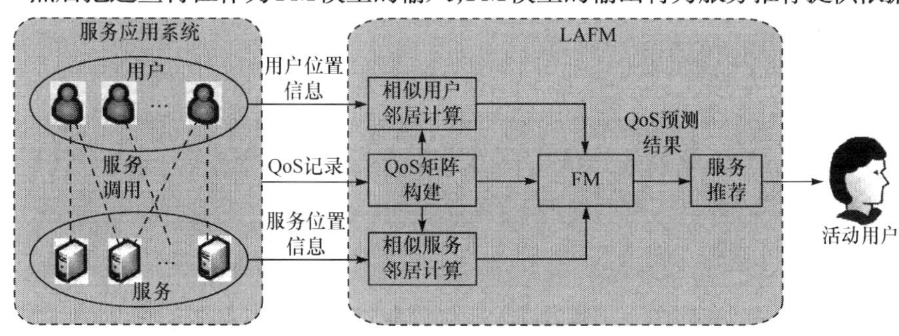

图 3.3　基于 FM 模型的质量感知 Web 服务推荐示例

通过对这些应用进行分析，发现：

① 不同应用的特征来源不同。

② 采用的特征处理方法不同。

③ 有些直接使用 FM 模型，只是通过数据集来训练参数；有些对模型进行

了调整，参考第 2 章中涉及的模型扩展方法。

④ 应用涉及的任务类型不同，有些面向分类，有些面向回归，还有些面向排序。

3.6　本章小结

随着大数据时代的到来，特征工程发挥着越来越重要的作用。特征工程是数据分析中最耗时间和精力的一部分工作，它不像算法和模型那样具有确定的步骤，更多是工程上的经验和权衡，因此没有统一的方法。本章介绍了预测和推荐系统中特征的来源、特征工程对 FM 模型的影响、FM 模型在各应用领域中的使用情况等。

第 4 章　模型训练方法

一个模型中有很多参数，有些参数可以通过训练获得，比如回归模型中的权重。但有些参数通过训练无法获得，被称为“超参数”(hyperparameter)，比如学习率等，这需要通过经验来确定。本章将介绍几个常用的确定模型中参数值的训练方法。

4.1　预测和推荐模型的目标优化

首先需要解释几个相关的概念：

① 损失函数(loss function)，定义在单个样本之上，计算一个样本的误差。

② 代价函数(cost function)，定义在整个训练集之上，计算所有样本误差的平均，也就是损失函数的平均。

③ 目标函数(object function)，定义为最终需要优化的函数，等于经验风险+结构风险，也就是代价函数+正则化项。目标函数是最大化或者最小化，而代价函数是最小化。

④ 风险函数(risk function)，是损失函数的期望。

⑤ 正则化(regularization)，定义了一个函数 $J(f)$，专门用来度量模型的复杂度，常用的有 L1、L2 范数。

通过分析得出，推荐问题可以看作分类问题在真实生活场景中的应用。因此，推荐或点击率预测的首要问题是构建分类器。

假定数据集有 m 条样本 (y_i,x_i)，$i=1,2,\cdots,m$，其中 y_i 为样本标签(评分、购买、点击等)，x_i 是样本特征向量。假定 w 为需要训练的模型参数集合，则预测模型可以用 w 和 x_i 的函数 $\varphi(w,x_i)$ 表示。参数 w 可以通过优化目标函数求出，即

$$\underset{w}{\operatorname{argmin}} \frac{\lambda}{2}\|w\|^2 + E\left(y_i,\varphi\left(w,x_i\right)\right) \tag{4-1}$$

其中，λ 为正则化参数，$E\left(y_i,\varphi\left(w,x_i\right)\right)$ 为损失函数。对于二分类，损失函数常采用对数损失函数(logarithmic loss,logloss)，此时的 $\varphi\left(w,x_i\right)$ 是经过 Sigmoid 拟合的

函数，输出表示预测结果为正样本的概率。对于多分类，$\varphi(w,x_i)$是经过 Softmax 拟合的函数，输出是一个长度为标签种类个数的列表，列表中每个元素的值表示样本被归于该类的概率，此时损失函数可以采用均方根误差(root mean square error，RMSE)，用公式表示为

$$E\left(y_i,\varphi(w,x_i)\right)=\begin{cases}\dfrac{1}{m}\sum\limits_{i=1}^{m}\log\left(1+\exp\left(-y_i\varphi(w,x_i)\right)\right), & \text{logloss}\\ \dfrac{1}{m}\sqrt{\sum\limits_{i=1}^{m}\left(y_i-\varphi(w,x_i)\right)^2}, & \text{RMSE}\end{cases} \tag{4-2}$$

4.2　模型训练方式

求解参数 w 的过程称为模型训练。常用的训练方法有拟牛顿法、SGD 系列算法以及 Gibbs 采样算法。下面将介绍这几种方法。

4.2.1　拟牛顿法

牛顿法(Newton's method)又称为牛顿-拉夫逊法(Newton-Raphson method)，是牛顿在 17 世纪提出的一种在实数域和复数域上近似求解方程的方法。其核心思想是利用函数在当前点的一阶导数以及二阶导数寻找搜寻方向，迭代公式为

$$w_{k+1}=w_k-\left[Hg(w_k)\right]^{-1}\nabla g(w_k),\ k=0,1,2,\cdots \tag{4-3}$$

其中，$\left[Hg(w_k)\right]^{-1}\nabla g(w_k)$是搜寻方向(牛顿方向)，$\left[Hg(w_k)\right]^{-1}$为$g(w_k)$的逆 Hessian 矩阵。为了方便，这里将目标函数改写成$g(w)$，下同。牛顿法需要计算逆 Hessian 矩阵，时间复杂度太高，特别是当样本特征和数量很大时，模型训练比较耗时。

拟牛顿法是对一系列牛顿法变形算法的统称，核心思想是利用近似矩阵 B^{-1} 替代逆 Hessian 矩阵 H^{-1}。这里介绍用得最广的拟牛顿法基于有限内存的 BFGS(limited memory Broyden-Fletcher-Goldfarb-Shanno，L-BFGS)[77]，过程如下：

① 初始化w_0，$m>0$，$k=1$。m 为整形数指，一般取 10。

② 计算$\nabla g(w_k)$。

③ 计算$w_{k+1}=w_k+\alpha_k p_k$，α_k为步长。

④ 根据 Armijo-Goldstein 准则判断是否停止。

⑤ 更新$s_k=w_{k+1}-w_k$，$\rho_k=\nabla(w_{k+1})-\nabla(w_k)$，$k=k+1$。

算法 4-1 的 L-BFGS 算法利用最近 m 次迭代的梯度信息来更新近似矩阵，不需要大量的存储，从而节省了计算资源；L-BFGS 算法线性收敛，执行速度很快，且每次迭代都能保证近似矩阵的正定，鲁棒性很强。L-BFGS 算法采用的双回路递归(two-loop recursion)很容易应用到分布式框架(如文献[77]使用 MapReduce 计算相关参数)，因此，L-BFGS 算法适合解决大数据优化问题。L-BFGS 算法的应用可以参考笔者在 GitHub 上的开源项目 FFM[①](Python 实现的 FFM 模型项目，使用 L-BFGS 算法进行训练，数据集为 Criteo[②])。

算法 4-1　L-BFGS two-loop recursion

```
Input: ∇g(w_k), s_i, ρ_i, where i = k − m, ⋯, k − 1
Output: new direction p
p = −∇g(w_k);
for i ← k − 1 to k − m do
    α_i ← (s_i · p) / (s_i · ρ_i);
    p = p − α_i · ρ_i;
end
p = ((s_{k−1} · ρ_{k−1}) / (ρ_{k−1} · ρ_{k−1})) p;
for i ← k − m to k − 1 do
    β = (ρ_i · p) / (s_i · ρ_i);
    p = p + (α_i − β) · s_i;
end
```

4.2.2　SGD 系列算法

最早的梯度下降算法被称为批量梯度下降(batch gradient descent，BGD)算法，参数 w 每次更新需要在整个数据集上求出所有的梯度值。假设 η 为学习率，那么 BGD 算法可用公式表示为

① https://github.com/wofmanaf/FFM

② http://labs.criteo.com/2014/02/kaggle-display-advertising-challenge-dataset/

$$w = w - \eta \nabla g(w) \tag{4-4}$$

BGD 算法在每次更新前会对相似的样本求梯度值，在较大数据集上会有计算冗余。小批量梯度下降(mini-batch gradient descent，TensorFlow 上也称作 SGD)算法每次更新从样本大小(batch size)中取 n 条数据，计算目标函数并对相应参数求梯度，即

$$w = w - \eta \nabla g\left(w; x^{(i:i+n)}; y^{(i:i+n)}\right) \tag{4-5}$$

SGD 算法去除了冗余，计算大大加快，能够用于在线训练模型。然而，SGD 算法的更新方面完全依赖于当前的 batch，更新十分不稳定。一个简单的解决方案是引入 momentum(动量)，即 SGD+momentum。做法是在 SGD 算法公式的原有项前增加一个衰减系数 β_1 来帮助 SGD 算法在相关方向加速前进，并减少震荡，即

$$m_k \leftarrow \beta_1 m_{k-1} + \eta \nabla g(w),\quad w = w - m_k \tag{4-6}$$

Nesterov 算法是对 momentum 的改进[78]，基于未来参数的近似值(非当前的参数值)计算相应目标函数并求梯度，从而让优化器高效地“前进”并收敛，即

$$m_k \leftarrow \beta_1 m_{k-1} + \eta \nabla g(w - \beta_1 m_{k-1}),\quad w = w - m_k \tag{4-7}$$

上面的方法对于所有参数都使用了相同的学习率，然而在实际运用中学习率的设定是一个大的挑战，太小的学习率会使收敛速度变慢，太大的学习率会阻碍收敛，因此希望算法能够使学习率自动适应训练过程。相应的改进算法有 AdaGrad[79]、RMSprop[80]、Adadelta[81]、Adam[82]等。

AdaGrad 主要功能是针对不同的参数调整学习率，具体而言，对低频出现的参数进行大的更新，对高频出现的参数进行小的更新。这里用 g_k 表示在迭代次数为 k 时，参数 w 的目标函数梯度，即 $g_k = \left(\nabla g(w)\right)_k$，下同。则每个参数的学习率的更新规则为

$$v_k \leftarrow v_{k-1} + g_k^2,\ w = w - \frac{\eta}{\sqrt{v_k} + \varepsilon} \tag{4-8}$$

其中，ε 为很小的常数(如 10^{-8})，用于防止在梯度更新中除数为 0，下同。

RMSprop 解决了 AdaGrad 中激进的学习率衰减问题，即对 AdaGrad 的历史梯度 v_k 增加一个衰减系数 β_2 (Hinton 建议将衰减系数设定为 0.9)来控制历史信息的获取数量，即

$$v_k \leftarrow \beta_2 v_{k-1} + (1 - \beta_2) g_k^2 \tag{4-9}$$

Adadelta 与 RMSprop 类似，旨在解决 AdaGrad 学习率不断单调下降的问题。主要改进是将 AdaGrad 中计算所有梯度的平方和替换为计算固定大小时间区间内梯度值的累积和。

Adam 简单点说就是 momentum 和 RMSprop 的结合：动量加速+自适应学习率，公式为

$$m_k \leftarrow \beta_1 m_{k-1} + (1-\beta_1) g_k, v_k \leftarrow \beta_2 v_{k-1} + (1-\beta_2) g_k^2, w = w - \frac{\eta \cdot m_k}{\sqrt{v_k} + \varepsilon} \tag{4-10}$$

文献[82]中的 Adam 算法对 m_k 和 v_k 做了参数修正。

除了上面几种梯度下降算法，TensorFlow 还提供了 Adam 的改进算法 Adamax 和 Nadam，这里不做过多详解。现在将各算法的使用情况总结如下：

① 对于稀疏数据，推荐使用自适应学习率的优化方法，参数采用默认值。

② SGD 算法通常训练时间更长，但若初始化和学习率设定合理，结果更加可靠。

③ 训练较深的神经网络时，推荐使用自适应学习率的优化方法。

④ 若不知道该如何选择优化方法，建议使用 Adam 或其优化方法。

4.2.3 Gibbs 采样算法

Gibbs 采样算法是马尔可夫链蒙特卡罗(Markov chain Monte Carlo，MCMC)算法的一种，利用条件概率产生符合分布的样本，用于估计分布的期望、积分等，是一种在无法精确计算情况下用计算机模拟的方法。

Gibbs 采样算法常用于积分、期望等很难计算或者联合概率未知，条件概率容易获取的情况(如贝叶斯网络、线性判别分析法、受限玻尔兹曼机等)。当 Gibbs 采样执行多次之后，产生的样本分布服从真实样本的分布，即相当于直接从联合分布中采样。Gibbs 采样算法的输出为 K 个样本点(K 为提前设定的采样个数)，概率可以通过其他方法计算。n 条参数的 Gibbs 采样过程如算法 4-2 所示。

算法 4-2 *n*-dimension Gibbs sampling

Initialize $\{x_i : i = 1, 2, \cdots, n\}$;

for $k \leftarrow 1$ to $K-1$ do

  $x_1 \sim p\left(x_1 \middle| x_2^{(k)}, x_3^{(k)}, \cdots, x_n^{(k)}\right)$;

  $\cdots$

  $x_i \sim p\left(x_i \middle| x_1^{(k)}, \cdots, x_{i-1}^{(k)}, x_{i+1}^{(k)}, \cdots, x_n^{(k)}\right)$;

  $\cdots$

  $x_n \sim p\left(x_n \middle| x_1^{(K)}, x_2^{(K)}, \cdots, x_{n-1}^{(K)}\right)$;

end

更多详细的 Gibbs 采样算法实例可以参考文献[83]和[26]。通常来说，使用 Gibbs 采样算法优化得到的模型误差要小于梯度下降算法，但由于 MCMC 需要构建转移矩阵，所以 Gibbs 采样训练消耗的时间要大于梯度下降算法。因此，当数据规模较小的时候，也可以采用 Gibbs 采样训练模型。

总之，Adam 算法适用于多数情况；如果计算资源能够满足全部数据更新(full batch update)，可尝试 L-BFGS(L-BFGS 难以对 mini-batch 设定进行处理)；在联合概率未知，条件概率容易获取的情况下，可以选择 Gibbs 采样算法。

4.3 激活函数

激活函数的作用是在模型中加入非线性因素，提高模型的表达能力。常用的激活函数如图 4.1 所示。

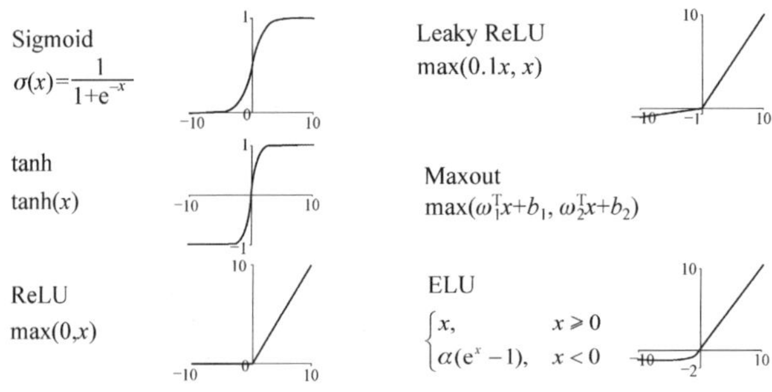

图 4.1　常用的激活函数

Sigmoid 函数将数值压缩在[0,1]之间，能够很好地解释神经元的发射率(firing rate)，曾经很受欢迎。但 Sigmoid 有三个致命的缺陷：

① 饱和状态神经元杀死梯度。在输入取值很大或者很小时，梯度接近为 0。若模型初始值很大时，大部分神经元可能处于饱和状态，导致网络变得很难学习。

② Sigmoid 函数的输出不是 0 均值。后一层的神经元将前一层的非 0 均值输出作为输入，这会导致若初始进入神经元的数据是正的，后面计算出的梯度始终为正。

③ 指数函数的梯度计算资源消耗偏高。

tanh 与 Sigmoid 类似，可以看作是将 Sigmoid 下移的结果。tanh 将数值压缩在[−1,1]之间，0 均值输出，tanh 没有解决饱和状态神经元杀死梯度的问题。

ReLU 采用 0 为阈值，即输入大于 0 时，输出等于输入，小于 0 时，输出为 0。没有饱和状态，不会杀死梯度，计算高效，在实际训练中比 Sigmoid 和 tanh 快速。另外，与 Sigmoid 相比，ReLU 更接近生物神经元的表达。但是，ReLU 仍然存在非 0 均值输出的问题。值得一提的是，当输入小于 0 时，ReLU 会导致神经元死掉(输出为 0)。

Leaky ReLU[84,85]是对 ReLU 的改进，在输入小于 0 时，输出为输入的 0.1 倍。Leaky ReLU 继承了 ReLU 的全部优点，并且神经元不会死掉。如果将 Leaky ReLU 小于 0 部分的参数 0.1 改成一个可通过反向传播算法学习的变量，新的函数称为 RReLU[19]。

指数线性单元(exponential linear unit，ELU)[86]同样是对 ReLU 的改进，输入小于 0 的部分采用指数函数表达。ELU 继承了 ReLU 的全部优点，接近 0 均值输出，增加了一些鲁棒性。但 ELU 具有负饱和状态，且负值时指数计算资源消耗偏高。

Maxout[87]使用两组参数进行信息传递，拟合能力非常强。另外，Maxout 采用线性结构，没有饱和区，神经元不会死掉。将 Maxout 和 Dropout 结合后，文献[87]在 MNIST、CIFAR-10、CIFAR-100、SVHN 这 4 个数据集上都取得了相比目前先进方法更好的识别率。

Google 大脑团队的最新激活函数是 Swish[88]，函数表达式为 $f(x)=x\cdot\sigma(x)$，其中 $\sigma(x)$ 为 Sigmoid 函数，如图 4.2 所示。可以看出，Swish 有下界无上界，形态平滑，具有非单调的特性。文献[88]在多个数据集上的实验证明 Swish 在深层模型上的效果优于 ReLU。由于不需要修改神经网络架构和初始化，因此在绝大多数环境中可以用 Swish 替代 ReLU。

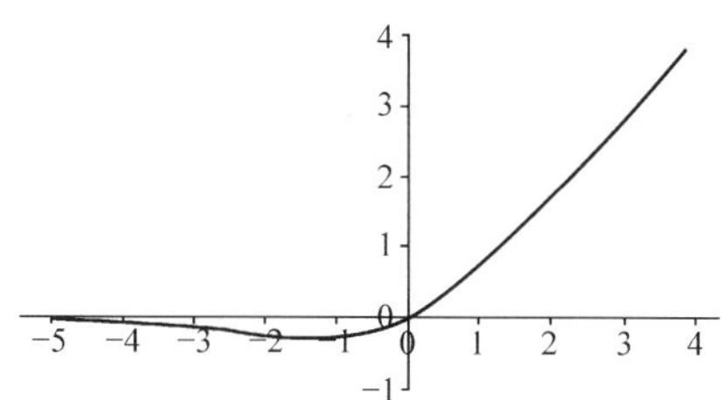

图 4.2　Swish 激活函数

总之，在浅层网络中建议选择 ReLU，因为优化得当，且初始学习率设置合理的情况下，ReLU 神经元死掉的概率还是比较小的；深层网络可以尝试使用 Swish。

4.4　过拟合问题

在机器学习中，过拟合(overfitting)是一个很常见的问题，表现为在优化的过程中，训练误差持续下降，测试误差上升。首先需要将历史数据分为训练集和验证集(在点击率预测领域，一般将前 n 天的数据作为训练集，其余数据作为验证集)，优化过程如图 4.3 所示。

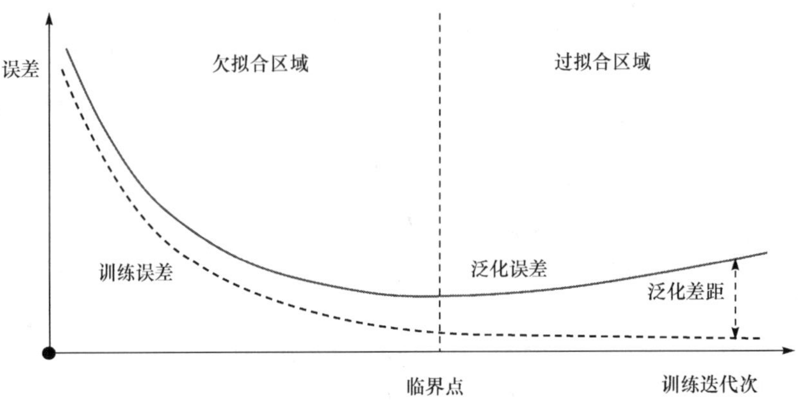

图 4.3　机器学习中的过拟合问题

为了方便理解，本书将 capacity 看作是训练迭代次数，泛化误差(generalization error，一般指模型预测新数据时的错误率)看作是验证误差，纵坐标误差一般指损失函数的平均值。模型开始训练时，随着迭代次数的增加，参数 w 不断学习，训练误差(training error)和泛化误差持续减小，这个阶段称为欠拟合区域(underfitting zone，图 4.3 的左侧区域)。当迭代次数超过临界点(optimal capacity)后，训练误差继续减小，泛化误差开始增大，两者之间的泛化差距(generalization gap)不断增大，此时模型开始出现过拟合区域(overfitting zone，图 4.3 的右侧区域)。

出现过拟合的原因很多，主要有训练数据过少(在真实场景中出现的概率很小)，模型参数过多，样本噪音数据干扰过大，建模样本抽取错误(一般在处理时都会事先将数据打乱，mini-batch 训练，因此采样错误的概率基本上很小)等。

针对数据过少的情况，可以适当增加数据，比如 AlexNet 对 ImageNet 数据集中的图片进行图像变换和水平翻转，调整训练图像的 RGB 各颜色通道强度等[89]。另外，在模型训练的时候可以采用交叉验证，即将数据集分成 n 份，每次选取 n-1 份作为训练集，剩下 1 份作为验证集，重复多次。当数据量很大时，交叉验证消耗的计算资源非常巨大，因此很少使用。

在实际应用中，使用较多的防止过拟合手段有正则化方式、批规范化(batch normalization，BN)、Dropout 及相关优化方法。

4.4.1　正则化方式

正则化方式是机器学习中常用的一种防止过拟合的手段，即在模型目标函

数中添加正则项或惩罚项(penalty term)，如公式中的 $\frac{\lambda}{2}\|w\|^2$，从而使模型在测试集上也有较好的拟合能力。此时模型优化问题变为在正则项约束下，求损失函数 $E\left(y_i,\varphi\left(w,x_i\right)\right)$ 的最优解问题。常用的正则化方式主要有 L1 范式和 L2 范式，分别采用 L1 距离(即曼哈顿距离，Manhattan distance)和 L2 距离(即欧几里得距离，Euclidean distance)作为基础函数。为了描述方便，在此只考虑二维的情况，即权重 $w\in\{w_1,w_2\}$，多维情况类似。将 $E\left(y_i,\varphi\left(w,x_i\right)\right)$ 的优化过程用等值线表示，如图 4.4 所示，(a)为 L1 正则化，(b)为 L2 正则化。

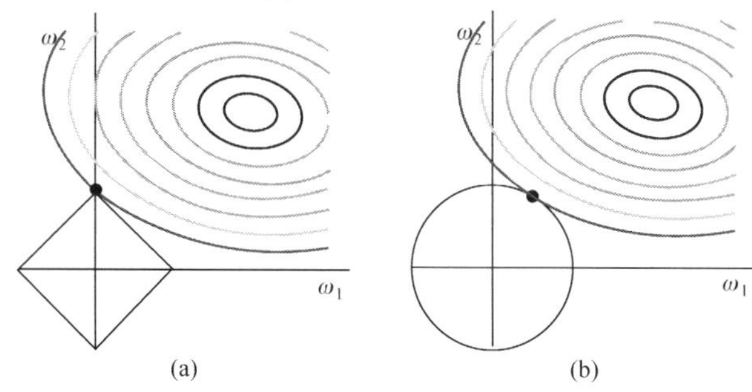

图 4.4　目标函数优化示意图

从图 4.4 可以看出，L1 距离与 $E\left(y_i,\varphi\left(w,x_i\right)\right)$ 相交的地方比较突出，L2 距离与 $E\left(y_i,\varphi\left(w,x_i\right)\right)$ 相交的地方比较平缓。交点突出的地方会产生稀疏性(w_1 或 w_2 取值为 0)，这对于大规模数据问题很重要，可以有效减少存储空间。L2 正则化的目的主要是让优化求解变得更加稳定快速(加入 L2 范式使目标函数强凸)。在大多数过拟合问题中，L2 要优于 L1。有时候在构造目标函数时，也会同时使用 L1 范式和 L2 范式。

λ 为正则化系数(0 到 1 之间的常数)，起到控制 L1 距离和 L2 距离大小的作用，一般来说训练数据越少，λ 取值越大。λ 的初始值可以设置为 0.01，然后以 10 倍的概率增大或者减少，当确定合适的量级时再进行微调。另外，神经网络中的权值衰减(weight decay)也可以认为是正则化系数。

4.4.2　批规范化

批规范化是 Google 的 Ioffe 和 Szegedy 在 2015 年提出的，旨在解决神经网络在训练过程中各隐藏层(hidden layer)输入因落入饱和区(saturation regime)导致的梯度消失(gradient vanishing)问题[90]。具体操作是在每次梯度训练时，通过 mini-batch 对输入做规范化操作，使结果(各个维度)的均值(mean)为 0，方差(variance)为 1。而“scale”和“shift”操作没有采用原数据的均值和方差值，而是使用通过训练得出的参数(γ 和 β)，因为作者想要使经过批规范化处理的数据分布和原始数据有所不同。这样，在训练的时候，因为原始数据的采样是随机的，因此即使完全相同的训练样本，经过采样后所处的 mini-batch 也可能是不同的。这种不同会被神经网络学习到，从而增强模型的鲁棒性和泛化能力。值得注意的是，在测试阶段均值和标准差值不是通过批处理(batch)计算得到的，而是使用训练阶段得到的数值的平均值。批规范化的详细过程如算法 4-3 所示[90]。

算法 4-3　batch normalization

Input:values of x over a mini-batch; parameters to be learned: γ , β

Output: $\left\{y_i = \mathrm{BN}_{\gamma,\beta}\left(x_i\right)\right\}$

$\mu_{\mathrm{B}} \leftarrow \frac{1}{m}\sum_{i=1}^{m} x_i$　　// mini-batch mean

$\sigma_{\mathrm{B}}^2 \leftarrow \frac{1}{m}\sum_{i=1}^{m}\left(x_i - \mu_{\mathrm{B}}\right)^2$　　// mini-batch variance

$\hat{x}_i \leftarrow \frac{x_i - \mu_{\mathrm{B}}}{\sqrt{\sigma_{\mathrm{B}}^2 + \varepsilon}}$　　// normalize

$y_i \leftarrow \gamma\hat{x}_i + \beta \equiv \mathrm{BN}_{\gamma,\beta}\left(x_i\right)$　　// scale and shift

---

4.4.3　Dropout 及相关优化方法

Dropout[91]是一种防止过拟合的手段，常用在 DNN 中，其原理是在每次前向传播(forward pass)时，随机将一些神经元的值设为 0，这样每一个 mini-batch 训练的都是不同的网络，从而在一定程度上提高了模型的泛化能力，如图 4.5 所示。

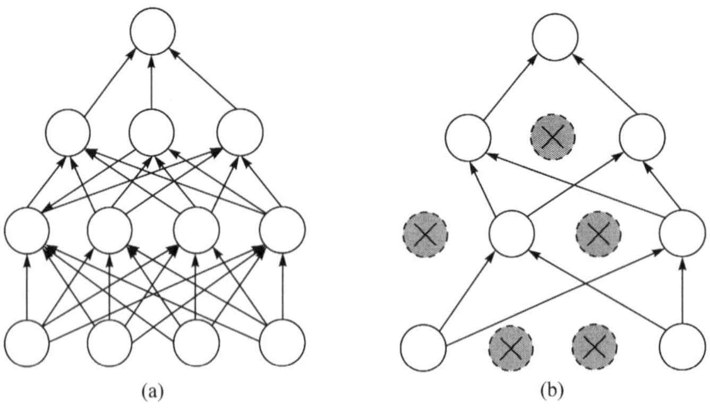

图 4.5　Dropout 结构

值得注意的是，模型只在训练阶段使用 Dropout 结构(图 4.5(b))，在测试阶段使用全网络结构(图 4.5(a))，每个神经元被随机 Drop 掉的概率一般设置为 0.5。

在神经网络中，另外一种常用的防止过拟合方式是 DropConnect[92]，其结构如图 4.6 所示。

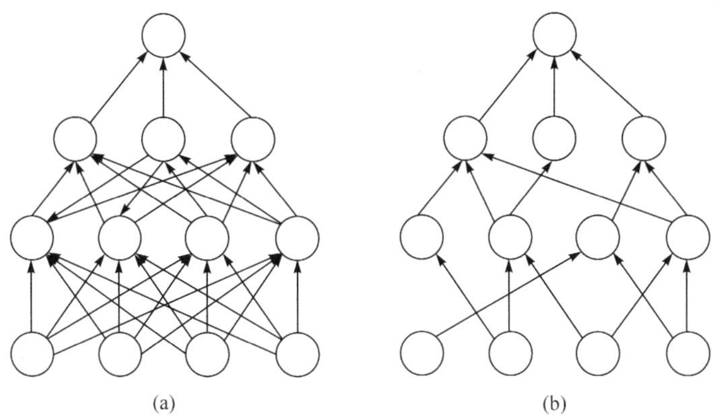

图 4.6　DropConnect 结构

通过图 4.6 可知，DropConnect 与 Dropout 非常类似，都是随机 Drop 掉一些数据，提高模型的泛化能力。不同的是 Dropout 随机 Drop 掉一些神经元，DropConnect 随机 Drop 掉一些神经元间的连接。以矩阵的观点来解释，假设神经元或权值保留的概率(TensorFlow 中称为 keep_prob)为 p，则 Dropout 在训练过程中以 1−p 的概率将隐含层节点的输出值清零，更新权值时，不再更新与该节点相连的权值。DropConnect 是将节点中每个与其相连的输入权值以 1−p 的概率清零。和 Dropout 类似，在测试阶段不采用 DropConnect(图 4.6(a)，或者认为 p=1)。

在大量的实验测试中，笔者发现与 Dropout 相比，DropConnect 对结果的提升很有限，且需要增加大量的计算，因此不建议使用 DropConnect。

文献[93]提出了另外一种解决过拟合的方法，称为随机深度(stochastic depth)。核心思想是在训练阶段使用更短的网络(short network)来减少过拟合，方法是在每次训练过程中随机 Drop 掉一些子层(subset of layer)，如图 4.7 所示，白色的部分为随机 Drop 掉的层。

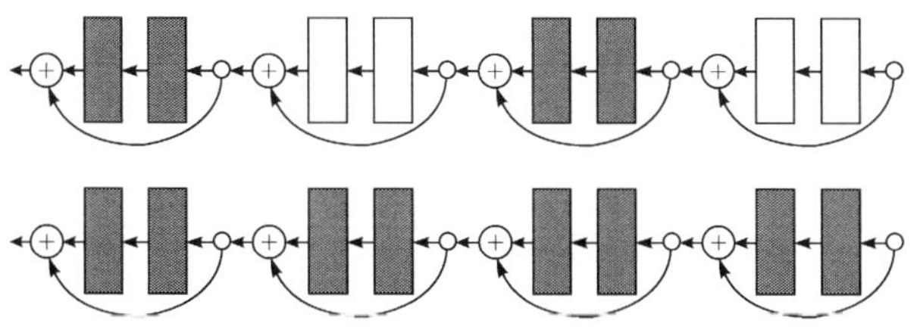

图 4.7　随机深度结构

同样地，在测试阶段采用全网络结构。随机深度在减少过拟合的同时减少了训练时间，是一种不错的防止过拟合方式。在实际应用中，建议采用随机深度、BN+L2 或 BN+Dropout 的方式。

4.5　本 章 小 结

本章首先介绍了模型训练中涉及的几个概念，给出了模型的目标优化形式；然后介绍了几种常见的模型训练方式，比较了各自的优缺点，以及选用方法；接着介绍了激活函数的使用，比较了几种常用激活函数的优缺点；最后讨论了机器学习中的过拟合问题，给出了避免的方法。

第 5 章　智能化场感知分解机

本书在研究 FM 和 FFM 模型时，发现两者都需要对所有特征变量进行交互建模，通过共享特定特征隐向量来计算因式分解参数。当特征变量很多时，全部交互是很耗时的，并且大量无效的交互会影响模型准确度，相当于加入了噪声。所以本书提出智能化场感知分解机(iFFM)模型，即对关键属性进行提升，运用特征工程技术将因子选择智能地嵌入到算法求解过程中。

5.1　算法改进思路

FFM 模型中场概念的引入不仅使模型更加便于理解，而且一定程度上缓解了数据的稀疏性。例如，用户按照性别(gender)特征可以分为 male、female 两种，按照位置(location)特征可以分为 east、west、north、south 四种。场概念的引入使得用户可以将同一特征内的属性进行独热编码，特征间的属性通过场来识别。

假设用户性别特征所在的场编号为 1，其属性 male 和 female 只需要两位就可以进行独热编码：(1,0)，(0,1)。用户位置特征所在的场编号为 2，其属性 east、west、north、south 需要 4 位进行独热编码：(1,0,0,0)，(0,1,0,0)，(0,0,1,0)，(0,0,0,1)。用户看到场的数值为 1，就可以知道该部分数据描述的是用户的性别特征，数值(1,0)表示用户性别为 male，数值(0,1)表示用户性别为 female。同样地，用户看到场的数值为 2，就可以知道该部分数据描述的是用户的位置特征。若对所有属性(不区分场)进行统一编码，则需要 6 位。例如(1,0,1,0,0,0)表示用户的性别为 male，位置为 east；(0,0,0,0,1,0)表示用户的性别未知，位置为 north。当数据的属性很多时(例如 10 万种)，对所有的属性统一编码所需要的空间是巨大的，且编码后的数据很难理解。而由于场的存在，不同特征间的属性编码可以分别进行存储，或者分布式存储。

另外，FFM 模型同时考虑了特征和属性之间的交互，而 FM 模型只考虑了属性之间的交互，这也在某种程度上解释了在多数情况下 FFM 模型的准确度要高于 FM 模型的原因。

好的特征需要好的算法才能体现价值，特别是在推荐和点击率预测领域。比如 Amazon 公司因点击率过低长期饱受诟病，而在推荐方面 Amazon 却做得很好。当然数据量过于庞大，算法设计时需要综合考虑准确度和资源消耗是主要原因。而面临同样问题的 Google、Facebook 等却没有这样的问题，这从另外一方面说明算法设计的重要性。

在分析相关算法时发现，FM 模型训练可以在线性时间复杂度内完成，相应的改进算法 FFM 和 iFFM 模型则需要二次方复杂度，而神经网络相关算法则需要消耗更多的计算资源。自然训练过程可以离线完成，比如每天对相关数据离线训练一次，在线更新。为了使推荐界面显得更加科学，增加用户的好感度，推荐结果往往具有更多的候选集，比如对每个用户算法推荐 20 个物品，而网站主页每次则显示 10 个，由于推荐的物品是随机从候选集中抽取的，所以用户每次看到的结果都是不同的。

为了提高预测准确度，牺牲一定计算资源是可取的，比如增加单个机器的运算速率，用更多的机器构建更大的集群计算。另外一种思路是设计更加科学的算法，从根本减少时间消耗。

和 FM 模型一样，FFM 模型对所有特征变量进行交互建模，通过共享特定特征隐向量来计算因式分解参数。当特征变量很多时(比如 10 万)，全部交互是很耗时的，并且大量无效的交互会影响模型准确度，相当于加入了噪声。为了提高计算效率，本书在 FFM 模型的基础上提出 iFFM 模型[26]，该模型对关键属性进行提升，运用特征工程技术将因子选择智能地嵌入到算法求解过程中，并综合利用 Gibbs 采样和 SGD 算法来提高推荐准确度。

5.2 iFFM 模 型

iFFM 模型采用的损失函数是 RMSE，需要训练的模型参数 $w\in\left\{w_0,w_i,w_{i,f_j},w_{j,f_i}\right\}$，采用 L2 正则化。采用的训练方法是 Adadelta，具体过程如下。

首先，对样本数据和特征进行归一化处理，样本 i 的归一化系数为

$$R(i)=\frac{1}{\left\|x_i\right\|} \tag{5-1}$$

由于零值特征对模型完全没有贡献，为了提高训练和预测速度，iFFM 模型只考虑非零特征。采用单个样本的损失函数计算模型的梯度，即

$$g_{i,f_j}=\nabla_{w_{i,f_j}}\varphi_{\text{iFFM}}\left(w,x\right)=\lambda\cdot w_{i,f_j}+\kappa\cdot w_{j,f_i} \tag{5-2}$$

$$g_{j,f_i}=\nabla_{w_{j,f_i}}\varphi_{\text{iFFM}}\left(w,x\right)=\lambda\cdot w_{j,f_i}+\kappa\cdot w_{i,f_j} \tag{5-3}$$

其中，$\kappa = y - \varphi_{\text{iFFM}}(w,x)$ 表示 RMSE 对 $\varphi_{\text{iFFM}}(w,x)$ 的梯度。由于 κ 与具体的模型参数无关，因此每次模型更新时只需计算一次即可，之后直接调用。

根据特征工程技术逐步添加特征因子数，计算 $T(t)$，选择使 $T(t)$ 取最大值的因子，添加进模型中。

$$T(t) = \frac{g_{i,f_j}^{(t)} \cdot g_{j,f_{ij}}^{(t)}}{g_{i,f_j}^{(t)} + g_{j,f_{ij}}^{(t)}} \tag{5-4}$$

其中，$T(t)$ 是用来评价特征选择好坏的标准。也可以选择其他标准，只要满足挑选出的用来交互的特征因子是对模型贡献最大的因子即可。为了计算简单，采用贪心法添加特征，也可以采用动态规划等更加准确的方法。

参考 Adadelta 算法计算梯度，即

$$\text{RMS}\left[g_{i,f_j}\right]_d = \sqrt{\rho E\left[{g^2}_{i,f_j}\right]_{d-1} + (1-\rho)\left[{g^2}_{i,f_j}\right]_d + \varepsilon} \tag{5-5}$$

$$\text{RMS}\left[g_{j,f_i}\right]_d = \sqrt{\rho E\left[{g^2}_{j,f_i}\right]_{d-1} + (1-\rho)\left[{g^2}_{j,f_i}\right]_d + \varepsilon} \tag{5-6}$$

最后，更新 w_{i,f_j} 和 w_{j,f_i}，即

$$\left(w_{i,f_j}\right)_d = \left(w_{i,f_j}\right)_d - \frac{\eta}{\text{RMS}\left[g_{i,f_j}\right]_d} \cdot \left(g_{i,f_j}\right)_d \tag{5-7}$$

$$\left(w_{j,f_i}\right)_d = \left(w_{j,f_i}\right)_d - \frac{\eta}{\text{RMS}\left[g_{j,f_i}\right]_d} \cdot \left(g_{j,f_i}\right)_d \tag{5-8}$$

值得注意的是，iFFM 模型在训练的时候采用了特征归一化。特征种类很多，包括数值型和目录型等。目录型特征编码后的特征值为 0 或 1，若数值型特征取值很大(比如电影票价格为 80 元)，则归一化后的目录类生成的特征值是很小的。例如，一条用户-电影记录，用户性别为“女”，电影票价格为 80，其他特征值全部为 0。则归一化后的特征“gender=female”的取值略小于 0.0125，而特征“price”归一化后的取值却接近 1。此时，特征“gender=female”在这个样本中的作用是极小的，几乎可以忽略不计，这显然不太合理。这也是对数值化特征采用 z-score 进行归一化的原因(在实际应用中，对于负值取绝对值，因此数值特征取值的范围是[0,1])。iFFM 模型的训练过程如算法 5-1 所示。

算法 5-1　Training iFFM using SGD and Gibbs sampling

Input:train set tr, test set va, instance num *n*, field num *m*, Gibbs sampling num *K*, train parameter pa

```
Output:average prediction error E
model = Initialize(tr.n, tr.m, pa);
normalize tr and va;
do Gibbs sampling for p_u and p_v;
for i ∈ non-zero items in {1,···, tr.n} do
    for j ∈ non-zero items in {i+1,···, tr.n} do
        calculate E;
        calculate subgradient;
        add feature factor;
        for d ∈ {1,···,k} do
            update gradient;
            update model;
        end
    end
end
for i ∈ non-zero items in {1,···, va.n} do
    for j ∈ non-zero items in {i+1,···, va.n} do
        calculate E;
    end
end
```

根据算法描述，iFFM 模型的时间复杂度为 $O\left(kn^2\right)$。Gibbs 采样主要针对 φ_{user} 和 φ_{item}，因为在实际应用场景中，用户与物品的数量通常相对固定，而且属性类型确定。

5.3 多样性处理

与主流推荐系统类似，iFFM 模型更注重推荐结果的准确度。但是，准确度并不是推荐系统的唯一评估指标。尽管用户的兴趣点(point of interest，POI)在长时间跨度上保持一致，但是当用户访问推荐系统时兴趣点通常是单独的。如果推荐系统只能覆盖用户的单个兴趣点，并且兴趣点不是用户感兴趣的时候，则推荐结果难以使用户满意。因此，为了改善多样性，我们引入了热扩散算法(heat-spreading algorithm，HeatS)，与 iFFM 模型进行线性加权，形成新的模型。

5.3.1 热扩散算法

相关参考文献已经表明，使用 HeatS 进行资源分配可以促进推荐系统具有更好的多样性[94],热扩散处理过程如下。

首先，建立 HeatS 图 $G=(V,E)$ ，其中 V 包含用户和物品的所有节点，E 包含用户和物品之间的链接。

其次，定义 f 是初始资源(其中 f_β 是物品 β 拥有的资源)，然后将 f 通过变换 $(f=W^{\mathrm{H}}f)$ 重新进行分配。

$$W_{\alpha\beta}^{\mathrm{H}}=\frac{1}{k_\alpha}\sum_{i=1}^{n}\frac{a_{\alpha i}a_{\beta i}}{k_i} \tag{5-9}$$

其中，W^{H} 表示热扩散过程中离散类比的行标准化矩阵，k_α 和 k_i 分别表示已经收藏物品 α 的用户的数量和用户 i 收藏的物品的数量。如果物品 α 由用户 i 收藏，则设置 $a_{\alpha i}=1$，否则 $a_{\alpha i}=0$。HeatS 的直观表示如图 5.1 所示。

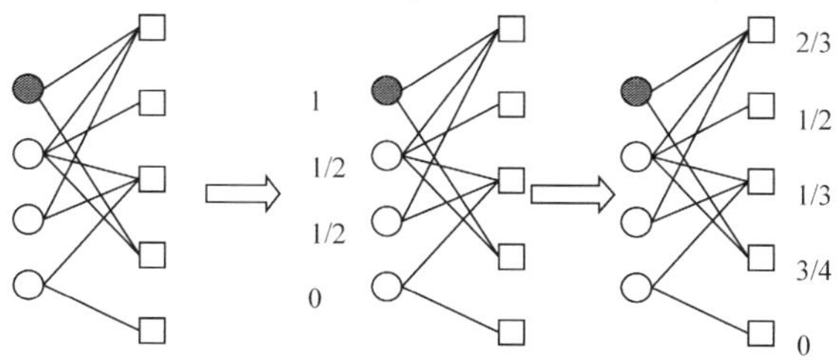

图 5.1　热扩散处理过程

HeatS 中的资源通过平均程序重新分配，用户接收的资源等于其相邻物品拥有的平均数量，然后物品接收其相邻用户资源的平均值。对于一个给定的用户 i，推荐分数可以按照如下方式来处理：推荐物品可以由给定用户的“品味配偶”(taste mate)频繁地收集[94]，用户 i 和 j 之间的品味重叠是通过调整余弦相似度来测量的[95]，即

$$s_{ij}=\frac{\sum_{u\in U}\left(a_{\alpha i}-\overline{a_i}\right)\cdot\left(a_{\alpha j}-\overline{a_j}\right)}{\sqrt{\sum_{u\in U}\left(a_{\alpha i}-\overline{a_i}\right)^2}\sum_{u\in U}\left(a_{\alpha j}-\overline{a_j}\right)^2} \tag{5-10}$$

如果用户 i 尚未收藏物品 α，则其推荐得分为

$$v_{\alpha i}=\frac{\sum_{j=1}^{n}s_{ij}a_{\alpha j}}{\sum_{j=1}^{n}s_{ij}} \tag{5-11}$$

然后降序排列 $v_{\alpha i}$(值越高表示用户的兴趣度越高)，最后排除用户已选择的物品，获取最终推荐列表。

5.3.2 两个模型的集成

使用线性加权来集成 iFFM 模型和 HeatS，集成之后的模型称为 iFFM-2。假设 iFFM 模型和 HeatS 分别产生结果 y_a 和 y_b，则可以给出综合结果

$$z=(1-\lambda)\frac{y_a}{|y_a|}+\lambda\frac{y_b}{|y_b|} \tag{5-12}$$

为了避免由两个模型集成引起的过度拟合，数据集按照如下方式进行处理：

① 按照一定比例将数据集划分为训练集 tr 和测试集 va。

② 以相同的方式将测试集 tr 分为 tr1 和 tr2 两部分，tr2 的大小等于 va 的大小。

③ 分别在训练集 tr1 上训练 iFFM 模型和 HeatS，用最小二乘法在训练集 tr2 中计算线性融合系数 λ。

④ 在测试集 va 上进行预测，通过系数融合处理预测结果，得到最终预测结果。

5.4 实验结果与分析

5.4.1 实验环境

(1) 数据集

为了对 iFFM 模型的预测准确度进行评估，实验采用的数据集包括 R4-Yahoo，MovieLens 1M(简写为 ml-1m)和 2012 KDD Cup Track2(简写为 Track2)。

R4-Yahoo 包含由 7 642 位雅虎用户制作的约 11 915 部电影的 221 367 个匿名评分。ml-1m 包含由 6 040 名用户制作的约 3 900 部电影的 1 000 209 个匿名评分。Track2 由 149 639 105 个用户查询记录组成，共有 10GB 数据。具有相同属性及其输出的多个查询被汇总到训练数据中的一个记录中。

每个数据集记录都被定义为一个实例，每个属性都被定义为一个字段。为了使属性更合理，我们修改了一些属性，例如将 R4-Yahoo 中的 birth_year 修改为 age，并将年龄分成 6 个值。表 5.1 显示了有关修改后的 3 个数据集的详细信息。

表 5.1 数据集信息

数据集	实例数	特征数	属性数
R4-Yahoo	221 367	575 584	38
ml-1m	1 000 209	468 521	9
Track2	20 950 284	19 147 857	11

(2) 平台

所有实验均在具有 4 个物理内核的计算机上进行，该内核采用 Intel®Core™i5-4460 CPU @ 3.20GHz 处理器和 15.6GB 内存，操作系统是 Linux。

(3) 评价指标

为了评估预测准确度，采用 RMSE 和受试者工作特征(receiver operating characteristic，ROC)曲线下与坐标轴围成的面积(area under curve，AUC)两个度量参数，定义为

$$\mathrm{RMSE}=\frac{\sqrt{\sum_{i,j\in T}\left(r_{ij}-\hat{r}_{ij}\right)^2}}{|T|} \tag{5-13}$$

$$\mathrm{AUC}=\frac{\sum_{\mathrm{ans}\in\mathrm{pctr}}\mathrm{rank}_{\mathrm{ans}}-M\cdot(M+1)/2}{M\cdot N} \tag{5-14}$$

其中，M 是点击次数，N 是展示次数，pctr 是包含预测点击率的列表，rank 是排序的损失，ans 指某样本。AUC 越大，模型的性能越好。

采用汉明距离(Hamming distance)来评估多样性度量。给定两个用户 i 和 j，推荐列表的汉明距离可以定义为

$$h_{ij}(L)=1-\frac{q_{ij}(L)}{L} \tag{5-15}$$

其中，$q_{ij}(L)$是两个列表的前 L 个位置中的公共项目数。平均距离 $h(L)$是 $h_{ij}(L)$的平均值，更大或更小的值分别意味着用户推荐列表的更大或更小的个性化。

(4) 模型实现

我们在 C++中实现了 FM、FFM、iFFM 和 iFFM-2 模型。对于 FFM 和 iFFM 模型，使用 Streaming SIMD Extensions 3(SSE3)指令来提高内部产品的效率。数据预处理部分使用 Python 编程，时间不包括在实验结果中。为了使 Track2 更快地进行实验，随机选择 10%实例作为数据集。

5.4.2　实验结果

(1) 参数的影响

以下研究参数 k 和 η 对 iFFM 模型的影响。表 5.2 显示了平均运行时间和具有不同 k 值的最佳 AUC，可以看出 k 的变化不会对 AUC 产生太大影响。对于参数 η，图 5.2 显示较大的 η 可以带来更好的性能，但是可能不那么稳定，其中 Epochs 代表训练次数。

表 5.2　iFFM 模型中参数 *k* 的影响

k 值	运行时间/s	AUC
1	27.236	0.79690
2	26.384	0.79696
4	27.875	0.79715
8	40.331	0.79773
16	70.164	0.79725

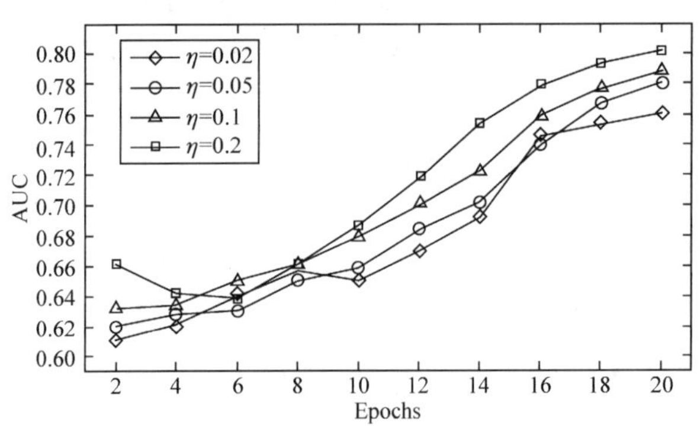

图 5.2　iFFM 模型中参数 η 和 k 的影响

(2) FM、FFM 和 iFFM 模型的性能比较

表 5.3 为采用不同数据集、不同模型的 AUC 比较。可以看出，在所有三个数据集中，iFFM 模型达到最高准确度所需的时间和成本计算的时间都优于 FM 和 FFM 模型。在数据集 Track2 上，FFM 和 iFFM 模型共享相同的参数以获得最佳 AUC，但是 iFFM 模型减少了 32%的时间。可以得出结论，iFFM 模型使用的自动特征工程技术可以减少模型的运行时间。

表 5.3　模型的性能比较

(a) R4-Yahoo

模型	参数设置	运行时间/s	RMSE
FM	$\lambda_0=12$，$k=10$，Epochs = 8	142.243080	0.919860
FFM	$\eta=0.2$，$k=6$，Epochs = 20	67.610396	0.875550
iFFM	$\eta=0.2$，$k=2$，Epochs = 10	20.178848	0.854100

(b) ml-1m

模型	参数设置	运行时间/s	RMSE
FM	$\lambda_0 = 12$，$k = 60$，Epochs = 80	1622.181313	0.753563
FFM	$\eta = 0.2$，$k = 50$，Epochs = 40	463.589425	0.713620
iFFM	$\eta = 0.2$，$k = 16$，Epochs = 50	267.513094	0.705680

(c) Track2

模型	参数设置	运行时间/s	RMSE
FM	$\lambda_0 = 40$，$k = 100$，Epochs = 50	4765.432710	0.790110
FFM	$\eta = 0.2$，$k = 4$，Epochs = 40	836.384236	0.801780
iFFM	$\eta = 0.2$，$k = 4$，Epochs = 40	564.524611	0.810500

(3) FFM、iFFM 和 iFFM-2 模型的多样性比较

图 5.3 为 FFM、iFFM 和 iFFM-2 三个模型在 R4-Yahoo 和 ml-1m 上的多样性比较。可以看出，FFM、iFFM 和 iFFM-2 模型的汉明距离随着推荐列表长度

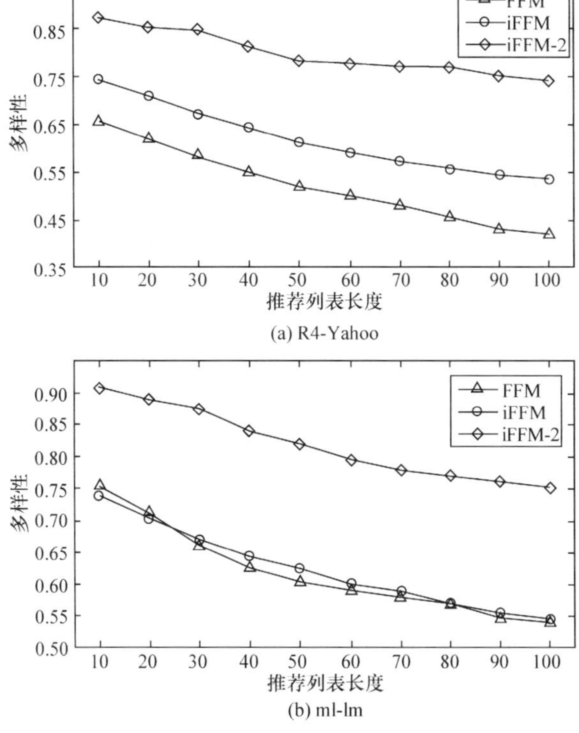

(a) R4-Yahoo

(b) ml-lm

图 5.3 FFM、iFFM 和 iFFM-2 模型的多样性比较

的增加而减小，并且 iFFM-2 模型的多样性比 FFM 和 iFFM 模型更好。在 R4-Yahoo 上，iFFM 模型的多样性优于 FFM 模型。在 ml-1m 上，当推荐列表长度小于 30 时，FFM 模型的多样性优于 iFFM 模型。由于 FFM 和 iFFM 模型都专注于提高模型预测的准确性，因此很难确定两个数据集之间的多样性差异。

5.5 本章小结

本章介绍了 iFFM 模型，对其提出的局部属性提升和特征选择过程进行了较为深入的讲解，而且通过算法阐述了 iFFM 模型的实现方式，并分析了其时间复杂度。

iFFM 模型对关键属性进行提升，运用特征工程技术将因子选择智能地嵌入到算法求解过程中，并综合利用 Gibbs 采样和 SGD 算法来提高推荐准确度。不过，iFFM 模型主要针对电影推荐，用户和物品的相关属性提升很难应用到其他领域。并且，iFFM 模型没有考虑时间因素，不能有效模拟用户行为偏好以及物品流行趋势的动态变化，而时间动态性在某些领域对于预测和推荐的准确度具有很大的影响。

第 6 章　广义场感知分解机

对比 FFM 模型，iFFM 模型选择部分最优特征进行交互，从一定程度上减少了时间消耗。在 Track2 数据集上，相同的参数设置，iFFM 得到了更高的准确度，并且运行时间大幅减少。

沿着 iFFM 模型的思路，本书设计了时间消耗更低的广义场感知分解机 (generalized FFM，GFFM)模型。而且针对 iFFM 没有考虑属性的时间动态性等缺点，在 GFFM 模型中添加时间因子，从而获得更高的准确度。

6.1　模型改进思路

GFFM 模型训练时间的减少是特征工程和算法综合作用的结果，比如将编码后的数据用四个文件保存，而不是一个文件。通过对应关系获得相应特征所在的场，避免了场的读取，同时由于数据位置对应，特征值、feature_idx、field_idx 三者之间的取值不用通过字典之类的方式进行映射。更加激进的做法，可以只存储 feature_idx，这对只有目录特征的数据集是可取的，因为此时通过编码，特征值的取值为 1，这样模型训练时用到的参数更少，速度会得到进一步的提升。GFFM 模型考虑的是一般情况，采用的是稍微保守一点的做法，即同时存储特征值和 feature_idx。另外，GFFM 模型将用户 ID 和物品 ID 等交互意义不大，却对模型准确度提升甚为关键的因素单独保存，通过偏置的形式添加进模型，这在一定程度上也减少了时间消耗。将特征细分为随时间变化的动态特征和保持稳定的静态特征，建模时结合动态特征的时序变化基于时间窗口建立精准的动态模型则进一步提高了 GFFM 模型的准确度。

为作区分，本章用 x_j 表示用户 u 的属性特征向量，包括性别、年龄、职业等，物品 i 的属性特征向量包括名称、类别、制作者等，以及会话中的特征。以电影推荐为例，会话特征通常包括一些用户的文本评价以及标签等。在本书中 x_j 不包括用户 ID 和物品 ID，因为 ID 不能表示常规意义上的属性特征。将 iFFM 模型公式改为

$$\varphi_{\mathrm{GFFM}}(w,x)=w_{ui}+\sum_{j=1}^{n}w_jx_j+\sum_{j_1=1}^{n-1}\sum_{j_2=j_1+1}^{n}\left\langle w_{j_1,f_{j_2}},w_{j_2,f_{j_1}}\right\rangle x_{j_1}x_{j_2} \tag{6-1}$$

其中，$w_{ui}=w_0+w_u+w_i$ 是评分偏置，$w_0=\frac{\sum_{(u,i)\in T}r_{ui}}{|T|}$ 是全局评分偏置，$w_u=\frac{\sum_{i\in R(u)}r_{ui}}{|R(u)|}$ 和 $w_i=\frac{\sum_{u\in R(i)}r_{ui}}{|R(i)|}$ 分别表示用户 u 对不同物品的评分偏置和不同用户对物品 i 的评分偏置。r_{ui} 为用户 u 对物品 i 的评分(若是点击率预测等二分类问题，r_{ui} 取值为 1 或 0，表示用户是否对广告进行点击)。$|T|$ 表示数据集中实例的个数，由于本书采用的 TensorFlow，$|T|$ 表示每次批处理所选择的样本个数。$|R(u)|$ 和 $|R(i)|$ 分别表示每次批处理中用户 u 对物品评分的个数以及物品 i 被多少个用户进行评分。

同 FFM 模型一样，GFFM 模型的时间复杂度为 $O\left(kn^2\right)$，其中 n 为特征个数，k 为隐向量长度，这对于要求高响应率的应用场景，比如点击率预测，显然不很合适。

参考 iFFM 模型的样本数据生成方式，定义 GFFM 模型数据结构为三元组，即 labelbiasfield_idx: feature_idx: value。其中，每一个特征可看作是一个虚拟的场。本章将编码后的数据存储到 label、bias、feature、value 等四个文件中，按行合并四个文件即可得到实验所需的完整数据。假设有一条类型为(rating, user_id, movie_id, gender, age, occupation, genres, time)的数据

5, 1, 3952, F, 18, artist, comedy

其中，rating 数据是要选择的 label，首先将 5(即 rating)存储到 label 文件，将(1,3952)(即 user_id 和 movie_id)存储到 bias 文件，将其余经过编码后数据的 feature_idx 存储到 feature 文件，假设为 128, 8, 18, 360, 0，将编码后数据的取值(1, 1, 1, 1, 0)存储到 value 文件(这里将 age 进行了离散化处理，处理后的结果可以按照与目录特征同样的方式进行独热编码，编码后的特征值为 1)。本书对缺失的数值 feature_idx 和 value 均设为 0。这里不存储 field_idx，因为 feature_idx 在 feature 文件中列的编号即可认为是 field_idx 编号。读取四个文件的同一行并合并，则最终的数据为

5, 1, 3952, 0: 128: 1, 1: 8: 18, 2: 18: 1, 3: 360: 1, 4: 0: 0

按照这种方式，对每条样本数据进行计算，模型中用到的 feature 文件中数据的列数即为 field_idx 的个数，而样本中不同 field 使用的 feature_idx 是非重复的。比如有一条电影票价-销量的记录，票价为 80 元，销量为 80，虽然同为数值

类型，且处在同一条记录中，但经过编码后的 feature_idx 也是不同的(比如票价对应的 feature_idx 为 12，销量对应的 feature_idx 为 413)。因此，通过 feature 文件中 feature_idx 的位置即可获得其对应的 field_idx。利用 feature_idx 和 field_idx 的对应关系可以大大的节省计算量。同样，value 文件中的 value 值的位置和 feature_idx 的位置也有相应的对应的关系(同一 field 不同样本的特征，若 value 值相同，则 feature_idx 也相同，此时两者是一对一的关系)。为了保证位置对应性，所有缺失的数据都要被填充。此时模型公式可以调整为

$$\varphi_{\text{GFFM}}(w,x)=w_{ui}+\sum_{j=1}^{f}w_{n_j}x_j+\sum_{j_1=1}^{f-1}\sum_{j_2=j_1+1}^{f}\left\langle w_{n_{j_1},f_{j_2}},w_{n_{j_2},f_{j_1}}\right\rangle x_{j_1}x_{j_2} \tag{6-2}$$

其中，f 为 field_idx 的个数，n_j 为 value x_j 对应的 feature_idx，个数为 n，f_{j_1} 和 f_{j_2} 为 value x_{j_1} 和 x_{j_2} 对应的 field_idx。假设隐向量的长度为 k，则 GFFM 模型的二次参数有 $n\cdot f\cdot k$ 个，空间复杂度和 FFM 模型相同，模型的预测时间复杂度为 $O\left(kf^2\right)$。在实际应用中 $f\ll n$，因此 GFFM 模型能极大地节省计算时间，当然 FFM 模型也可以按照此方法进行处理，本书中的 FFM 模型指文献[24]中的 FFM 模型。

值得注意的是，当数据集中只含有目录特征时可以不存储特征值，因为此时经过编码后的所有特征取值都为 1，在计算的时候也可以不考虑 x_j，这样模型参数能够进一步得到压缩，计算速度也会得到更大的提升，这取决于具体的数据集(在点击率预测领域会有一定的几率用到)。另外一种处理方式是将数值特征和目录特征分开考虑，数值特征建立线性模型，目录特征建立 GFFM 模型，添加上偏置项，此时也不用存储目录特征编码后的特征值，精确度应该也不会降低(读者可以自行验证)。

另外，为了能够在 TensorFlow 中进行 mini-batch 训练，实际操作中用户和物品的偏置项通过训练得到。首先初始化大小为用户数和物品数的大小的偏置矩阵，训练时每次迭代只选择样本中的偏置进行更新(保证参与计算的用户和物品的偏置矩阵的大小为样本大小 × 1)。

6.2 时 间 因 子

iFFM 模型能够有效地模拟用户对物品的非动态行为偏好。然而，在实际应用场景中，用户的决策行为通常会随着时间发生变化，其他有关因素如促销或新物品的出现也会对用户的决策产生重要影响。因此，考虑时间因素不仅可以提高

模型预测准确度，而且可以更好地对预测结果进行解释。本书主要考虑两种时间动态性(temporal dynamics)：物品流行趋势变化和用户行为变化。

(1) 物品流行趋势变化

随着时间的推移，物品的人气会随之变化。以电影《战狼 2》为例，上映 4 小时的票房达 9741 万。接着凭借演员精湛的演绎，电影较好的口碑，网络话题的引燃，迅速火热起来，上映 10 天票房便突破 31 亿。在 GFFM 模型中从两个方面建立物品流行度变化函数，首先是物品评分偏置

$$w_i(t) = w_i + b_i(t) \tag{6-3}$$

其中，$b_i(t)$ 是一个关于物品评分时间的函数，这将在 6.3 节中详细介绍。

其次是物品某些流行属性 $x_i^{(o)}$ (物品的外观属性如颜色、形状和花纹等)的时间变化函数

$$x_i^{(o)}(t) = x_i^{(o)} f(t) \tag{6-4}$$

其中，$f(\cdot)$ 是 DNN 中的非线性激活函数，本章采用 Sigmoid。根据 4.3 节的介绍可以看到，$x_i^{(o)}(t)$ 的取值会随着时间的远近而产生变化，本书更加注重较近的物品特征变化。

(2) 用户行为变化

用户对物品的评分会随着时间而发生变化。例如，用户 Aphro 过去倾向于给电影《秒速五厘米》评 9 分，现在她对于动画片的狂热减退，只会评 8 分。类似地，建立用户评分偏置函数

$$w_u(t) = w_u + b_u(t) \tag{6-5}$$

其中，b_u 是一个关于用户评分时间的函数，这将在 6.3 节中详细介绍。

同样地，对用户的某些特征属性 $x_u^{(o)}$ 建立时间变化函数

$$x_u^{(o)}(t) = x_u^{(o)} f(t) \tag{6-6}$$

6.3 动态模型构建

6.2 节讨论了时间因素对 GFFM 模型的影响，本节将对 $b_i(t)$ 和 $b_u(t)$ 进行建模。常用方式是建立简单的时间线性模型，如 timeSVD++[28]。然而，实际应用场景中，用户或者物品的评分趋势变化通常是非线性的，甚至可能是无规则的，很难用确定的公式表示。本书设计了一个时间窗口(time-window)，将数据的时间线(time line)分割成离散的时间段(epoch)，在不同的时间段，不同的属性因素占

据主导地位，从而影响用户的决策。若模型含有 N 个时间段(N 取值为 4 则代表季度，取值为 12 则代表月份或者其他，根据数据集的具体情况确定)，对于每个时间段，添加一个参数集合，即

$$w_{\mathrm{ep}}=\left\{b_i(\mathrm{ep}),b_u(\mathrm{ep})\right\} \tag{6-7}$$

其中，ep 是时间 t 的函数，$\mathrm{ep}\in\{1,2,\cdots\}$。

虽然用户的评分偏置在某个时间段内可能保持不变，但是具体到一段较短的时间，比如用户在一天对于很多电影给予了评分，则评分偏置可能发生较大的变化，本书将对用户评分偏置添加一个较小粒度的时间划分。假设用户平均评分时间为 t_u (这里以天为单位)，当用户在时间 t 进行评分时，则相应的时间偏差为

$$\mathrm{dev}_u(t)=\mathrm{sign}\left(t-t_u\right)\cdot\left|t-t_u\right|^{\beta} \tag{6-8}$$

其中，$\mathrm{sign}(\cdot)$ 为符号函数[①]，t_u 为用户的平均评分时间，β 为模型参数(取值范围是[0,1])。

对两种时间偏差进行加权结合，得到用户评分偏置

$$b_u(t)=b_u(\mathrm{ep})+\alpha_u\cdot\mathrm{dev}_u(t) \tag{6-9}$$

其中，α_u 为模型参数，通过训练得出。最终模型表示为

$$\begin{aligned}\varphi_{\mathrm{GFFM}}\left(w,x,t\right)&=w_{ui}\left(t\right)+\sum_{j=1}^{f}w_jx_j\left(\mathrm{ep}\right)\\&+\sum_{j_1=1}^{f-1}\sum_{j_2=j_1+1}^{f}\left\langle w_{n_{j_1},f_{j_2}},w_{n_{j_2},f_{j_1}}\right\rangle x_{j_1}\left(\mathrm{ep}\right)x\left(\mathrm{ep}\right)\end{aligned} \tag{6-10}$$

为了表示方便，将属性特征统一写成 $x_j(\mathrm{ep})$。对非时间变化属性，$x_j(\mathrm{ep})=x_j$。GFFM 模型结构如图 6.1 所示。

根据 GFFM 模型的目标函数，需要训练的模型参数为 $w\in\left\{w_j,w_{n_{j_1},f_{j_2}},w_{n_{j_2},f_{j_1}},\alpha_u\right\}$，训练方法可以采用 Adam。若用 $|u|$ 表示用户的个数，$|i|$ 表示物品的个数，则 GFFM 模型的偏置项参数个数为 $|u|+|i|+1$，一次项参数个数为 $n\cdot k$，二次项参数个数为 $n\cdot f\cdot k$，空间复杂度为 $O(nk(f+1))$。GFFM 模型的一次项计算时间为 $k\cdot f$，二次项计算时间为 $k\cdot f^2$，时间复杂度为 $O(kf(f+1))$。比较而言，FFM 和 iFFM 模型的时间复杂度都是 $O\left(kn^2\right)$，而 $f<<n$ (一般情况下 f 小于 20，而 n 大于 1000)，所以 GFFM 模型的算法是非常高效的。

---

① https://en.wikipedia.org/wiki/Sign_function

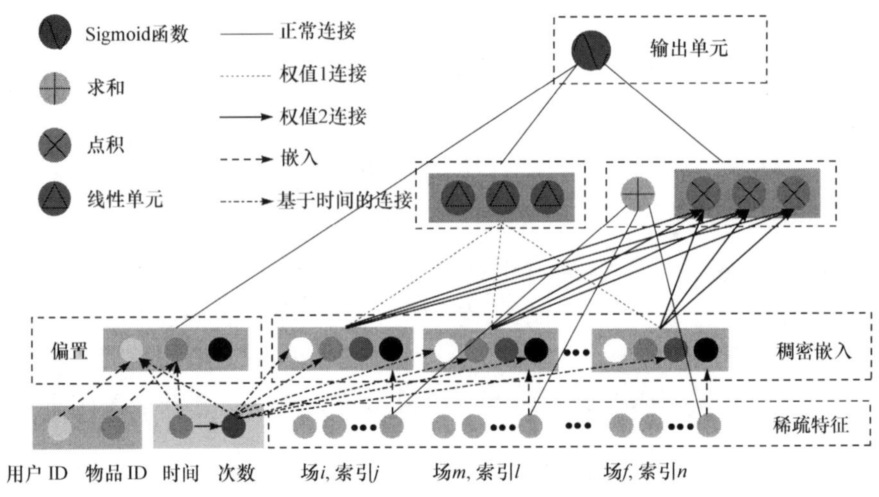

图 6.1　GFFM 模型结构

6.4　GFFM 模型评价

6.4.1　实验设置

(1) 数据集

为了对 GFFM 模型的预测准确度、预测效率等进行评估，实验采用的数据集包括：R4-Yahoo! Movies User Ratings and Descriptive Content Information，v.1.0①(简写为 R4-Yahoo)数据集，MovieLens 1M②(简写为 ml-1m)数据集和 MovieLens 10M③(简写为 ml-10m)数据集。R4-Yahoo 包含由 7 642 位雅虎用户制作的约 11 915 部电影的 221 367 个匿名评分，其中用户属性包括用户编号、出生年、性别，物品属性包括电影编号、发行日期、电影类别等 34 个属性。ml-1m 包含由 6 040 名用户制作的 3 952 部电影的 1 000 209 个匿名评分，评分密度为 4.2%，评分时间为 2000 年 4 月 26 日至 2003 年 3 月 1 日，其中用户属性为用户编号、评分时间、性别、年龄、职业、用户家庭地址区域编号，物品属性为电影编号、电影上映日期和电影类别(本书从电影名称中提取电影上映日期)。ml-10m 是 71 567 名

① https://webscope.sandbox.yahoo.com/catalog.php?datatype=r

② http://grouplens.org/datasets/movielens/1m/

③ http://grouplens.org/datasets/movielens/10m/

用户对 65 133 部电影的 10 000 053 个评分，评分密度为 2.1%，评分时间为 1995 年 1 月 9 日至 2009 年 1 月 9 日，其中物品属性为电影编号、电影上映日期和电影类别(ml-10m 不包含用户属性)。本书将每条记录定义为一个实例(instance)，每个属性定义为一个场，属性中每个确定的信息定义为一个特征，并对部分属性进行修改，比如将 R4-Yahoo 中用户属性的出生年修改为年龄，并将其按照大小划分为 6 个年龄段(1 为“Under 18”，18 为“18—24”，25 为“25—34”，35 为“35—44”，45 为“45—49”，50 为“50+”)，R4-Yahoo 只考虑用户出生年、电影发行日期、电影类别以及用户性别。在 GFFM 模型中用户编号、物品编号和评分时间不作为特征属性考虑。修改后，三个数据集的统计信息如表 6.1 所示。

表 6.1　数据集的统计信息(处理后)

数据集	用户数	物品数	实例数	特征数	属性数	时间跨度
R4-Yahoo	7 642	11 915	221 367	186	4	—
ml-1m	6 040	3 952	1 000 209	3 567	6	2000 年 4 月 26 日至 2003 年 3 月 1 日
ml-10m	71 567	65 133	10 000 053	114	3	1995 年 1 月 9 日至 2009 年 1 月 9 日

(2) 评价标准

采用随机采样的方式，按照 8∶1∶1 的比例将数据集划分为训练集、验证集和测试集。评价标准采用 RMSE(RMSE 值越小，表示准确度越高)。

(3) 比较模型

本书设计实验分别对 SVD++①、libFM(FM 的实现库)②、libFFM(FFM 的实现库)③(本章将 libFFM 中的二分类问题修改多分类问题，损失函数采用 RMSE)、iFFM 和 GFFM 模型进行准确度对比。为了便于区分，按照模型是否考虑用户对物品的偏置(bias-aware)、多属性特征(feature-aware)、场、时间(temporal-aware)进行标记，比较情况如表 6.2 所示。可以看出每个模型考虑的点不同(为了保持参数设置一致性原则，在此 GFFM 模型不与 FNN、DeepFM 等模型进行比较)。

① https://github.com/wofmanaf/coo_svd

② http://www.libfm.org/

③ http://www.csie.ntu.edu.tw/~cjlin/libffm/

表 6.2　模型比较

模型	偏置	多属性特征	场	时间
SVD++	✓	×	×	×
libFM	×	✓	×	×
libFFM	×	✓	✓	×
iFFM	×	✓	✓	×
GFFM	✓	✓	✓	✓

GFFM 模型可以看作是考虑偏置和时间因素的通用 FFM 模型，因此实验将对 GFFM 模型分两种情况考虑：一种是不考虑时间因素的模型，简写为 GFFM-1；另一种是考虑时间因素的模型，简写为 GFFM-2。

(4) 实验平台和环境

实验运行硬件平台为 Inter® Core™ i5-4460 CPU @ 3.20GHz，15.6GB 内存，976GB 硬盘，64 位 Ubuntu 16.04 操作系统。SVD++、iFFM、GFFM 模型编程语言为 Python；libFM、libFFM 模型编程语言为 C++；数据预处理部分编程语言为 Python。

6.4.2　实验结果及分析

首先考虑模型参数初始学习率 η(此时 $\lambda = 0.05$)和正则化参数 λ(此时 $\eta = 0.001$)对 GFFM-2 模型的影响，以 ml-1m 为例(时间段数 $|\text{ep}| = 10$，偏置 $w_{ui}(t)$ 中 β 取 0.4，隐向量维度为 20)。实验结果如图 6.2 和图 6.3 所示。

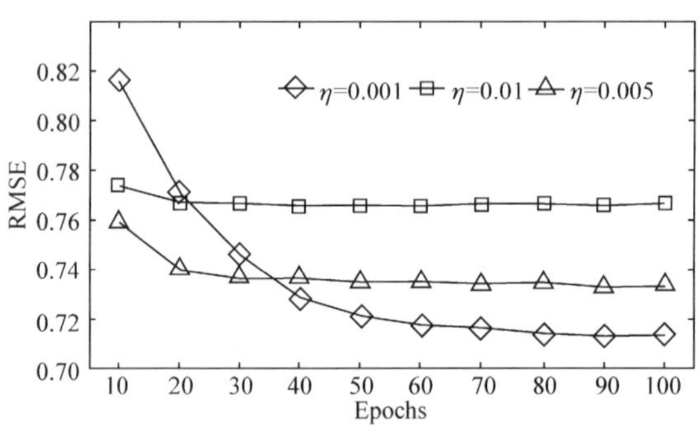

图 6.2　ml-1m 上初始学习率对 RMSE 的影响

从图 6.2 中可以看出，η 取值较大时，模型能够很快得到收敛，但是较小的 η 能够获得更高的准确度。λ 通常是为了防止过拟合的，较大的 λ 往往可以使得模型训练准确度和测试准确度接近相同，但同时会影响模型准确度。从图 6.3 中可以看出，$\lambda = 0.05$ 时模型准确度最高，$\lambda = 0.01$ 时模型欠拟合，λ=0.5 时模型过拟合。

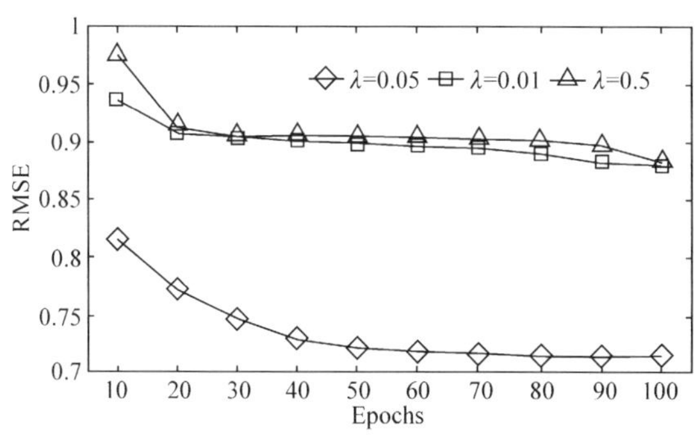

图 6.3　ml-1m 上正则化参数对 RMSE 的影响

对于$|\mathrm{ep}|$对模型准确度的影响，我们发现$|\mathrm{ep}|=10$时(此时$\eta=0.001$，$\beta=0.4$，隐向量长度$k=100$，$\lambda=0.05$)模型在 ml-1m 取得了较小的 RMSE 值 0.7146，随着$|\mathrm{ep}|$的增大，RMSE 并没有明显减小。由此可以得出 GFFM-2 模型对$|\mathrm{ep}|$的敏感度不是很强。

第 2 组实验为 SVD++、libFM、libFFM、iFFM、GFFM 模型在三个数据集上的分别测试。为了保持实验条件一致性，所有模型中采用的隐向量维度均为 20(w_j和$w_{n_{j_1},f_{j_2}}$维度均为 20)。GFFM-2 模型中$|\mathrm{ep}|=10$，偏置$w_{ui}(t)$中β取 0.4。除λ外，其余参数采用默认值(如 TensorFlow 里 Adam 优化器参数$\eta=0.001$，$\beta_1=0.9$，$\beta_2=0.999$，$\varepsilon=10^{-8}$)。每个模型最好的实验结果如表 6.3 所示。

表 6.3　模型准确度比较

数据集	SVD++	libFM	libFFM	iFFM	GFFM-1	GFFM-2
R4-Yahoo	0.8989	0.7845	0.7612	0.7257	0.7065	—
ml-1m	0.8560	0.8079	0.7856	0.7654	0.7330	0.7228
ml-10m	0.7950	0.7852	0.7783	0.7369	0.7458	0.7204

根据表 6.3 结果，对实验结果进行分析如下：

① libFFM 模型比 libFM 模型取得了更好的结果。在三个数据集上准确度分别提高了约 3.0%、2.8%、0.9%。从而进一步验证已有结论：libFFM 模型将相同性质的特征归于同一个场可以提高预测准确度。

② 相比于 SVD++模型，libFM 模型预测准确度有很大提高。在三个数据集上准确度分别提高了约 12.8%、5.6%、1.2%。在 ml-10m 上提高不大，可能是因为数据集属性特征相对太少。从而可以得出，对更多的属性进行交互可以提高模型的预测准确度。

③ 在三个数据集上 iFFM 模型比 libFFM 模型预测错误率分别减少了约 4.7%、2.6%、5.3%，说明 iFFM 模型采用的局部属性提升对模型准确度有一定的影响。

④ 相较于 iFFM 模型，GFFM-1 模型在三个数据集上的错误率分别减少了约 2.7%、4.2%、−1.2%，说明 GFFM-1 模型对添加的偏置因素起到了一定的作用，至少达到了 iFFM 模型局部属性提升的效果。

⑤ GFFM-1 模型比 libFFM 模型取得了更高的准确度，在三个数据集上的错误率分别减少了约 7.2%、6.7%、4.2%，进一步说明了 GFFM 模型添加用户和物品的偏置的重要性。

⑥ 对于 ml-1m，GFFM-2 模型比 GFFM-1 模型准确度提高了约 1.4%；对于 ml-10m，GFFM-2 模型比 GFFM-1 模型准确度提高了约 3.4%。从而可以得出，考虑时间因素能够提高模型预测准确度。

6.5　本 章 小 结

本章首先对 FFM 模型进行个性化处理，添加偏置因素建立 GFFM 模型，接着根据 iFFM 模型数据结构，对数据集进行工程化处理，并根据处理后的数据特点应用到 GFFM 模型中，从而大大降低了模型运行的时间复杂度。

另外，针对 iFFM 模型没有考虑属性的时间动态性等缺点，对 GFFM 模型进行修改，即通过对属性进行细分，GFFM 模型将静态属性和动态属性分开考虑，采用时间窗口技术进行动态建模，更加精准地体现不同属性在不同时间段对模型预测的效果，GFFM 模型采用 Adam 训练来提高训练效率。

通过设计实验对 GFFM 模型进行评价，得出 GFFM 模型比现有模型具有更高的准确度。GFFM 模型是本书的研究成果之一。

第 7 章　FM 模型与深度学习模型的集成

相比逻辑回归模型以及其他隐因子模型，FM 模型在很多应用领域都展现出其独特的优势，不过仍然属于多变量的线性模型，因为在 FM 模型中，对于每个参数 $\theta \in \{w_0, \{w_i\}, \{v_{if}\}\}$，都可以得到 $\hat{y}(x) = g + h \cdot \theta$，其中 g 和 h 与 θ 无关。而现实世界中的数据关系通常是高度非线性的，无法直接采用线性模型或浅层模型来表达。FM 模型属于浅层模型，可以有效提取一阶特征和二阶特征，但是难以挖掘高阶特征。尽管特征工程技术等能够帮助 FM 模型提高准确度，但是特征的自动组合非常重要，已成为推荐系统技术的一个热点研究方向，深度学习作为一种先进的非线性模型技术在特征组合挖掘方面具有很大的优势。

深度学习应用于预测和推荐系统后，产生了很多相关研究成果[27,96,97]。Zhang 等把这些模型分为两类：一类是只使用深度学习模型，可以是单一模型，也可以集成多个不同模型来提高推荐的多样性；另一类是把深度学习与传统推荐方法结合起来，可以采用松耦合或者紧耦合的策略[98]。实践表明：深度学习适用于某些方面，如深度卷积神经网络(deep CNN)非常适合图像特征的提取[99]，但是传统模型解释性更强，所以将两者结合将更有效。Wide&Deep 框架自被 Google 提出后被广泛研究和使用[100]，这个框架是线性模型和深度学习模型有机结合的一个典范，宽度(wide)部分用于提高记忆性(memorization)能力，深度(deep)部分用于增强泛化性(generalization)能力，Deep&Cross 模型对宽度部分进行了进一步扩展[101]。由于 FM 模型在预测和推荐领域占有非常重要的地位，因而研究者在 FM 模型及深度学习模型的集成方面展开了大量研究，以下将进行详细阐述。

7.1　FNN 模　型

FM 支持的神经网络(factorization machine supported neural network，FNN)模型于 2016 年被提出[102]，其思路为：首先采用 FM 模型对原始特征的嵌入层进行初始化，然后将 FM 模型的输出作为输入放到 DNN 模型中，如图 7.1 所示。FNN 模型证明利用 FM 模型初始化参数能够使梯度更快地收敛，最大限度地避免训练过程陷入局部最小，可以获得更好的结果。

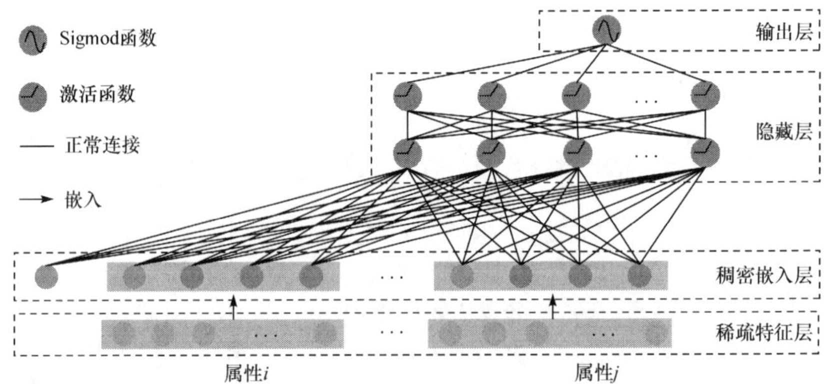

图 7.1　FNN 模型结构

模型中最底层是 FM 模型，通过训练后生成一个 z 向量，表示为

$$z=(w_0,z_1,z_2,\cdots,z_n),\ z_i=(w_i,v_i^1,v_i^2,\cdots,v_i^k) \tag{7-1}$$

模型隐含层表示为

$$a^{(1)}=f\left(w^{(1)}z+b^{(1)}\right),\quad a^{(l+1)}=f\left(w^{(l)}a^{(l)}+b^{(l)}\right) \tag{7-2}$$

其中，$a^{(1)}$是第一层(向量 z)的输出，$a^{(l+1)}$是第 l+1 层的输入，也是第 1 层的输出，$f(\cdot)$为激活函数，如 Sigmoid、tanh、ReLU 等，w 和 b 分别为权重矩阵和偏置。

FNN 模型可以认为是采用 FM 模型初始化的 Wide&Deep 模型的深度部分。基于采样的神经网络(sampling-based neural network, SNN)模型与 FNN 模型的区别在于底层的训练方法不同，它采用全连接方式，初始化时采用受限玻尔兹曼机和自动编码机。PNN 模型也采用类似 Wide&Deep 框架，不过它在嵌入特征时增加了两两交叉的功能，而不是把所有参数直接输入到隐藏层[103]。

7.2　Wide&Deep 模型

Wide&Deep 模型是 Google 于 2016 年提出的[100]，最早用来解决 Google Play 应用商店的 APP 推荐问题。模型将推荐看作一个搜索排序问题，输入用户和文本信息的集合，输出经过排序的物品列表。推荐主要解决记忆性和泛化性两类问题。记忆性是由宽度模型主导，根据历史数据学到的信息，比如“百灵鸟会飞”“老鹰会飞”等。泛化性是由深度模型主导，推断在历史数据中从未见过的情形，比如“飞机会飞”等。具体到推荐系统中，记忆性主要学习用户行为习惯，向用户推荐和历史购买信息相关的物品，解决准确性问题，泛化性是指可以向用户推荐其从未购买过的物品。Wide&Deep 模型将宽度模型(传统的线性模型)和深度模型(深度学习模型)融合在一起进行训练。图 7.2 展示了 Wide&Deep 模型结构。

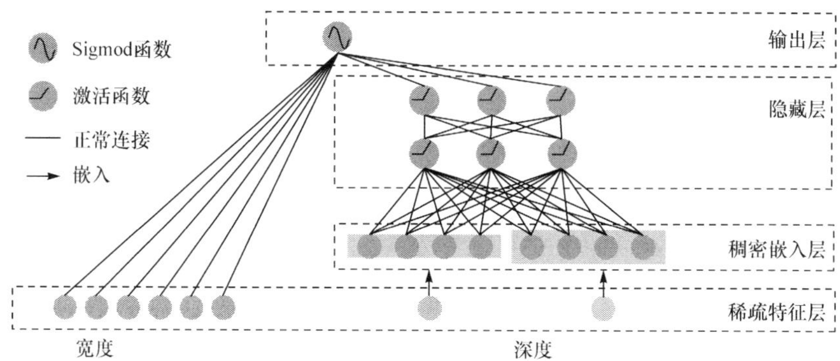

图 7.2　Wide&Deep 模型结构

宽度部分采用线性结构，数学公式为 $\varphi_{\text{wide}} = w^{\mathrm{T}} x + b$ ，其中 x 为特征矩阵，w 为权重矩阵，b 为偏置。和传统逻辑回归不同的是，这里的 x 包含原始特征和少数人工选择的交叉特征。

深度部分采用 DNN 模型。由于人工构建的交叉特征有限，而交叉特征的类别可能包含多个，如 3 个或 4 个，因此需要 DNN 模型来自动构建一些特征，数学公式为

$$a^{(l+1)} = f\left(w^{(l)} a^{(l)} + b^{(l)}\right) \tag{7-3}$$

其中，$a^{(l)}$ 是第 $l+1$ 层的输入，也是第 l 层的输出，$f(\cdot)$ 为激活函数如 Sigmoid，$w^{(l)}$ 和 $b^{(l)}$ 分别为第 l 层的权重矩阵和偏置。

从特征的角度来分析，宽度部分主要学习一阶特征和少量二阶特征，深度部分用来学习高阶特征。其优势是同时学习低阶特征和高阶特征。

7.3　Deep&Cross 模型

Wide&Deep 模型中，宽度部分采用的是基于逻辑回归的简单线性模型，它无法获得充分的低阶的特征交互信息，为了弥补这一不足，Deep&Cross 模型提出采用 Cross 网络作为宽度模型来获取低阶交互信息[104]，而且 Cross 网络可以变换为 FM 等模型，所以具有非常好的一般性，其模型结构如图 7.3 所示。

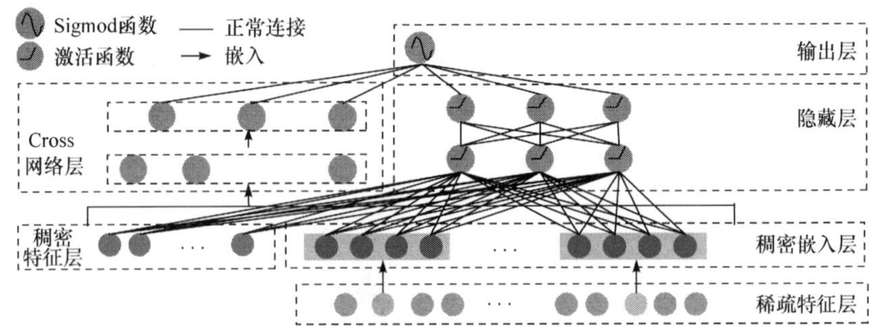

图 7.3　Deep&Cross 模型结构

7.4　DeepFM 模型

Wide&Deep 模型以及 Deep&Cross 模型中，宽度和深度部分采用不同的输入，这要求在模型使用中能判断特征的选择。在 DeepFM 模型[105]中，宽度和深度部分共享原始的输入特征向量，模型更易于使用，其模型结构如图 7.4 所示。从特征角度来看，DeepFM 模型的宽度部分采用了二阶的 FM 模型结构，主要学习一阶特征和二阶特征，这也改进了 Wide&Deep 模型中宽度部分的线性模型，增加了更多的低阶特征交互学习。考虑到 CNN 模型偏向相邻特征的交互，循环神经网络(recurrent neural network，RNN)模型偏向点击数据的预测，所以 DeepFM 的深度部分采用 DNN 模型。

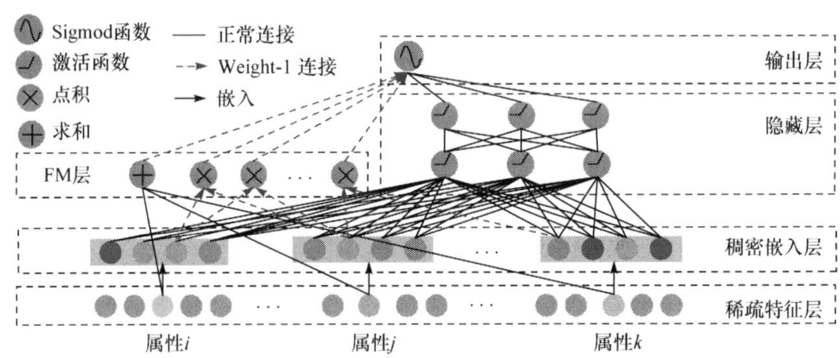

图 7.4　DeepFM 模型结构

7.5　NFM 与 AFM 模型

神经因子分解机(neural factorization machine,NFM)模型[106]也采用了类似 Wide&Deep 的宽度和深度学习框架，其输出表示为

$$\widehat{y}(x) = w_0 + \sum_{i=1}^{n} w_i x_i + f(x) \tag{7-4}$$

其中，第一、二部分是线性回归模型，与 FM 模型一致，第三部分的 $f(x)$ 是模型的核心，主要对特征交互进行建模，是一个多层前向神经网络，其模型结构如图 7.5 所示。

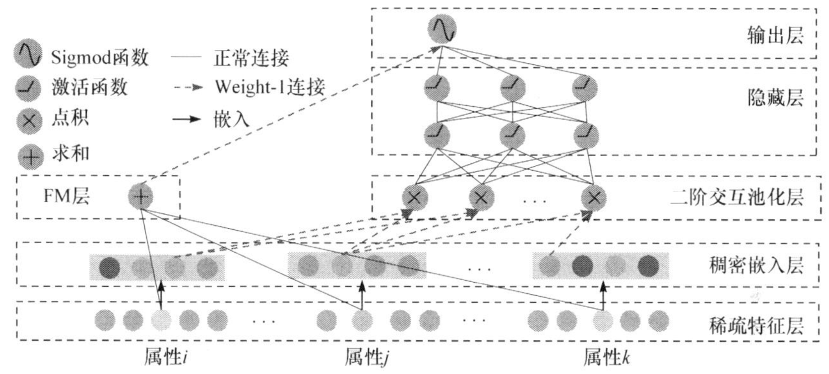

图 7.5　NFM 模型结构

注意因子分解机(attentional factorization machine，AFM)模型是 NFM 模型的一个改进[107]，在传统 FM 模型中，使用二阶交叉特征得到非线性表达能力，但是并非所有的特征交叉都会有预测能力，很多无用的特征交叉加入后反而会相当于加入了噪声。因此，在 AFM 模型中添加了注意力网络(attention net)机制，a'_{ij} 表示特征 i 和特征 j 交叉的权重，经过一个注意力网络的隐藏层，该值会被调整为新值，原始权重表示和调整后的权重表示为

$$a'_{ij} = h \cdot \mathrm{ReLU}(W(v_i \odot v_j)x_i x_j + b),\ a'_{ij} = \frac{\exp(a'_{ij})}{\sum\limits_{(i,j)\in R_x} \exp(a'_{ij})} \tag{7-5}$$

AFM 模型的预测方式和 NFM 模型类似，当 $p=(1,1,1,\cdots,1)$ 时，相当于添加了权重的 FM 模型，也可以和 NFM 模型一样增加隐藏层，得到更高阶特征的表达能力，最终模型表示为

$$\widehat{y}_{\mathrm{AFM}}(x) = w_0 + \sum_{i=1}^{n} w_i x_i + p^{\mathrm{T}} \sum_{i=1}^{n} \sum_{j=i+1}^{n} a_{ij}(v_i \odot v_j) x_i x_j \tag{7-6}$$

7.6　宽度和深度学习模型集成方式分析

FNN 模型实现了 Wide&Deep 框架的深度部分，它采用 FM 模型对参数进行初始化，然后再深度学习。DeepFM 与 PNN 模型结构很相似，不同在于被 FM 模型处

理的属性被单独作为宽度部分。DeepFM 与 Wide&Deep 模型的不同之处在于它把宽度部分的属性替换为FM模型处理后的属性，而且宽度部分和深度部分输入相同。NFM 和 AFM 模型也基于 Wide&Deep 框架，主要通过输入特征的预处理来提高推荐效果。Deep&Cross 模型则对文本信息进行处理，并且将残差网(residual network，ResNet)[108]应用到非图像领域。表 7.1 对这些模型的特征进行了比较。

表 7.1　基于 FM 模型的深度学习模型比较

模型	一阶特征	二阶特征	高阶特征学习	高阶输入	共享输入
FNN	×	×	Deep 网络	嵌入向量	√
Wide&Deep	√	少量人工	Deep 网络	嵌入向量	×
Deep&Cross	Cross 网络	Cross 网络	Cross+Deep	嵌入向量	√
DeepFM	√	√	Deep 网络	嵌入向量	√
NFM	√	×	Deep 网络	二阶特征	√

为了更好地进行深度学习，在处理模块时，其内部通常采用 BN+ReLU+Dropout 的组合形式，采用这种方式的原因在于：

① BN 由 Google 在 2015 年提出，旨在解决神经网络在训练过程中各隐藏层输入落入饱和区导致的梯度消失问题，具体操作是在每次梯度训练时，通过 mini-batch 对输入做规范化操作，使结果(各个维度)的均值为 0，方差为 1。

② 激活函数 ReLU 采用 0 为阈值，即输入大于 0 时，输出等于输入，输入小于 0 时，输出为 0。没有饱和状态，不会杀死梯度，计算高效。在实际训练中比 Sigmoid 和 tanh 激活函数更快速，而且与 Sigmoid 相比，ReLU 更接近生物神经元的表达。

③ Dropout 是一种防止过拟合的手段，常用于 DNN 中，其原理是在每次前向传播时，随机地将一些神经元的值置为 0，这样每一个 mini-batch 训练的都是不同的网络，从而在一定程度上缓解过拟合，提高了模型的泛化能力。

7.7　本 章 小 结

近些年，深度学习在语音识别、图像处理、自然语言处理等领域取得了很大的突破。相对来说，深度学习在推荐系统领域的研究与应用还有待深入。

本章主要总结了 FM 模型与深度学习模型的几种集成方式。从集成紧密度而言，有些是松耦合，有些是紧耦合。从不同模型的输入是否相同来说，有些共享输入，有些采用不同的输入，不管是否共享输入，都需要根据实际应用中数据的特点来定。这些经典的集成模型可以为传统模型与深度学习模型提供融合参考。

第 8 章　基于稠密网络的广义场感知分解机

浅层模型与深度学习模型集成后，既充分利用了浅层模型(线性和非线性模型)的记忆能力，也综合了深度学习模型的泛化能力。

ResNet 的出现很好地解决了梯度弥散的问题，使得更深的网络得以更好地训练，其第 L 层的网络是由 L-1 层的网络经过 H 变换得到，在此基础上直接连接到上一层的网络，使得梯度能够更好地传播。DenseNet 的基本思路与 ResNet 一致，但是它建立的是前面所有层与后面层的密集连接(dense connection)，它的名称也是由此而来。它的另一特色是通过特征在通道上的连接来实现特征重用，所以能在参数和计算成本更少的情形下实现比 ResNet 更优的性能，DenseNet 也因此斩获 IEEE 国际计算机视觉与模式识别会议(IEEE Conference on Computer Vision and Pattern Recognition，CVPR)2017 年的最佳论文奖。

本书对浅层模型和深度学习模型的集成进行了研究，选择改进的 FM 模型为浅层模型，DenseNet 为深度学习模型。

8.1　ResNet 和 DenseNet

ResNet 和 DenseNet 采用的都是 Highway Network[66]的思想，核心原理都是对于某些输入不加选择地让其进入之后的隐含层，从而实现信息流的整合，避免了信息在层间传递的丢失和梯度消失的问题。

ResNet[108]是微软在 2015 年提出的，最早用在 ImageNet 分类，是一个 152 层的卷积神经网络结构，其核心结构残差模块(residual block)如图 8.1 所示。

数学公式表达为 $x_l = H_l\left(x_{l-1}\right) + x_{l-1}$，其中 H_l 是第 l 层的一个非线性变换(如 BN、ReLU、卷积等)，输出为 x_l。ResNet 是 2015 年 ImageNet 大规模视觉识别挑战赛(ImageNet Large Scale Visual Recognition Competition，ILSVRC)分类比赛的冠军，Top5 Error 为 3.57%，小于人类的 5.6%(Top5 Error 指测试图像中，未能被模型的前 5 个预测结果正确分类的图像占所有图像的比例)。

ResNet 之后出现了很多变体，如 Wide ResNet[109]、ResNext[110]、FractalNet[111]

等，主要是进一步探讨 ResNet 获得成功的原因。Wide ResNet 指出随着模型深度的加深，在训练时只有很少的几个残差模块能够学到有用的表达，因此增加了残差模块的宽度(wide residual block)来有效提升模型的性能。ResNext 对多个残差模块进行并行化处理来增加模块宽度(cardinality)。FractalNet 同时增加残差模块的宽度和深度。ResNet 在其他领域的应用可以参考空气污染指标预测(aqi-forecasting)①项目。

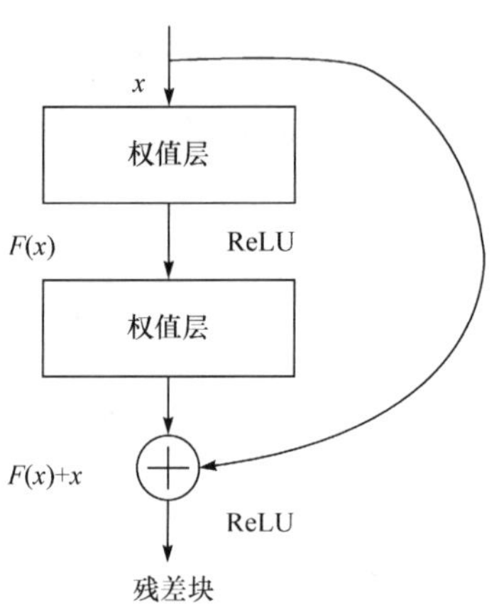

图 8.1 残差模块

DenseNet[112]指出单独使用求和操作可能会干扰网络信号的传递，因此将前面的结果放入新的通道，然后进行非线性操作，即第 l 层的输出可以影响第 l+1 层、l+2 层、l+k 层，k 为稠密模块(dense block)的深度，稠密模块如图 8.2 所示。

数学公式表达为 $x_l = H_l\left(\left[x_0, x_1, \cdots, x_{l-1}\right]\right)$，其中 H_l 同 ResNet 一样，采用 BN+ReLU+卷积的组合方式，x_l 为输出[112]。DenseNet 将 ResNet 的线性结构变成树形反向，并且设计了 Bottleneck[113]的结构，有利于更深层网络的训练。另外，稠密的网络结构具有类似正则的功能，在小数据集上能够更好地避免过拟合。

① https://github.com/wofmanaf/aqi-forecasting

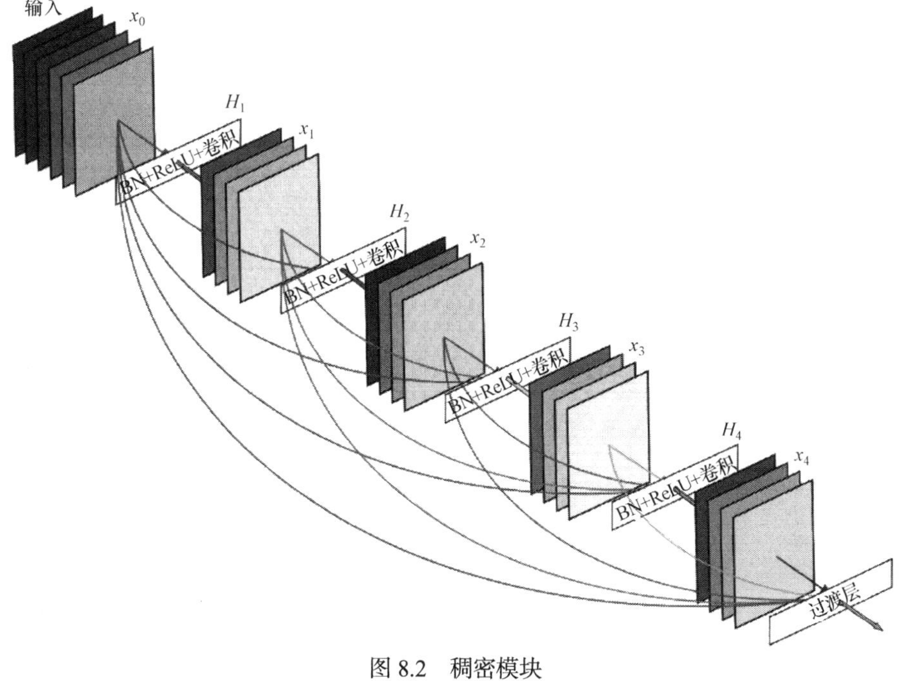

图 8.2　稠密模块

8.2　DGFFM 模型

本节将 GFFM 模型与 DenseNet 进行结合，建立 DGFFM 模型，并探讨其在推荐领域和点击率预测领域的应用。

8.2.1　Wide&Deep 结构

采用 Wide&Deep 结构，将 GFFM 模型与 DenseNet 结合起来，其模型表达为

$$\begin{aligned}\varphi_{\text{GFFM}}(w,x,t) &= \underbrace{w_{ui}=(t)}_{\text{偏置}} + \underbrace{\sum_{j=1}^{f} w_j x_j(\text{ep})}_{\text{逻辑回归}} \\ &\quad + \underbrace{\sum_{j_1=1}^{f-1}\sum_{j_2=j_1+1}^{f}\left\langle w_{n_{j_1},f_{j_2}}, w_{n_{j_2},f_{j_1}}\right\rangle x_{j_1}(\text{ep})x_{j_2}(\text{ep})}_{\text{特征交互}}\end{aligned} \tag{8-1}$$

抛开偏置部分，GFFM 模型依然可以看作一阶特征和二阶特征的组合，因此可以采用 Wide&Deep 结构对其进行深度化，即将宽度部分替换为 GFFM 模型。在本书中，深度部分采用 DenseNet 结构，具体操作是构建多个稠密模块，模块之间添加一个翻译层(translation layer)，用来改变输出的通道数。模块内部采用

BN+ReLU+Dropout 的组合形式(这里不使用卷积，因为本书使用的数据集中没有图像信息，因此卷积所擅长的图像特征提取能力在本书用处不大)，每个模块拥有 4 个隐含层，结构如图 8.3 所示。

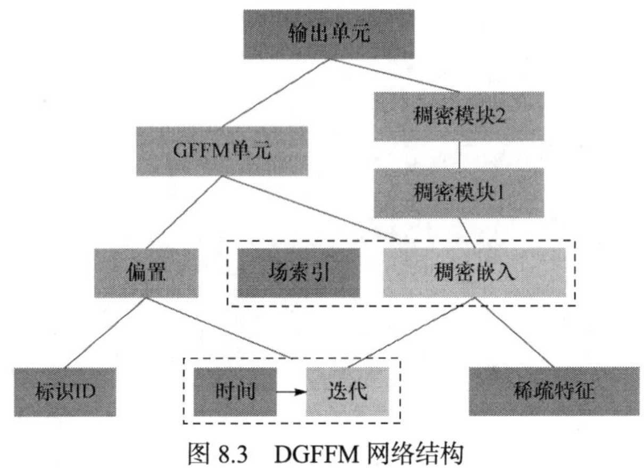

图 8.3　DGFFM 网络结构

8.2.2　FNN 结构

根据稠密模块的特点，将 0 到 l-1 层的所有特征进行合并(concatenation)，这样在稠密模块数不是很多的时候，依然可以有效利用低秩特征(如 GFFM 模型中的一阶特征和二阶特征)，因此可以采用 FNN 结构对 GFFM 模型进行深度化，即将 GFFM 模型的输出作为输入放到稠密模块中。在这里构建 2 个稠密模块，每个模块包含 4 个隐含层，模块之间同样添加一个翻译层，模块内部同样采用 BN+ReLU+Dropout 的组合形式，新的模型称为 DGFFM-2，结构如图 8.4 所示。

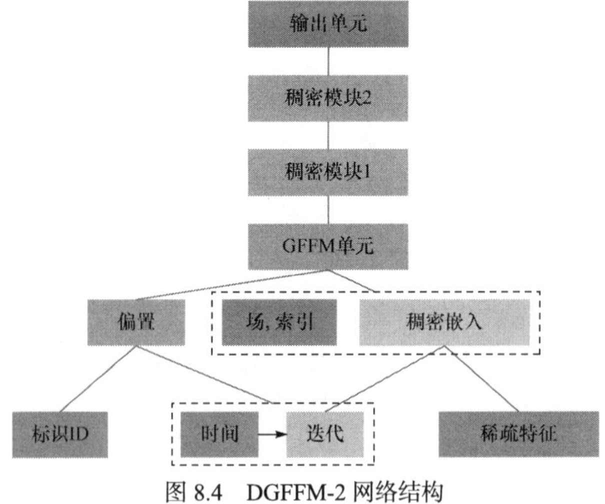

图 8.4　DGFFM-2 网络结构

8.3　DGFFM 模型评价

8.3.1　实验设置

本节将通过实验来评价 DGFFM 模型。这里分别测试模型在推荐领域和点击率领域的表现。首先是数据集，推荐领域采用 ml-1m，根据前面对此数据集的介绍可知，ml-1m 能够很好地满足 DGFFM 模型所需的各种条件(除了属性特征无法动态化之外)。点击率领域采用 Criteo 数据集，Criteo 是 2014 年 Kaggle CTR 比赛使用数据集，包括训练集和测试集两部分。其中训练集是连续 7 天的广告展示数据(4000w+)，里面包含点击(正样本)和非点击(负样本)数据。对每天的负样本 CriteoLabs 进行不同采样率的采样，从而使正负样本比率不至于过于悬殊。测试集(600w+)是接着训练集后的 1 天广告展示数据，采样方式和训练集相同。测试集不包含点击数据。由于只采用线下测试，因此本书不使用测试集数据，而是将训练集数据按照 4∶1 的比例重新划分，结果作为训练集和测试集。数据集每条样本包含 13 个连续特征(主要是数值特征)，26 个目录特征，出于保护隐私的目的，无序特征使用 32 位的哈希编码表示。因此，在 Criteo 上无法获得用户和广告的 ID 以及时间表示，为了简化，在 Criteo 上本书使用 FFM 模型和 DenseNet 的组合方式。

评价标准方面，本书在 ml-1m 上依然使用 RMSE(Softmax 分类)，在 Criteo 上使用 logloss(二分类问题)和 AUC。

这里以 AUC 作为评价标准，是因为微软的 Yi 在文献[114]中指出，AUC 是任何评分模型的预测能力的一个很可靠的指标。对于主流广告(mainline ads)，AUC 是预测能力的最可靠指标之一。如果 AUC 提高 1 点(0.01)，良好的模型($AUC > 0.8$)通常具有统计学显著性改善。但另一方面，AUC 的缺点也很明显，如 AUC 无法判断预估的值是否准确，另外对于查询级的提升 AUC 也无法很好地判断。而 logloss 更侧重于准确度的判断，比如把整体的预测概率提升 1 倍，logloss 会产生变化，而 AUC 基本保持不变。因此，为了更好地评价模型在点击率预测领域的好坏，本书采用 AUC+logloss 的评价方式。

参与比较的模型有 FNN 和 DeepFM。实验运行硬件平台为 Inter® Core™ i7-7700 CPU @ 3.60GHz，65.86GB 内存，976GB 硬盘，64 位 Ubuntu 16.04 操作系统的工作站。编程语言采用 Python，框架使用 TensorFlow。

8.3.2　实验结果及分析

同前面的实验一样，FNN、FFM 和 GFFM 模型的隐向量维度均设置为 20，GFFM 模型中时间段划分 $|ep|$ 取 10，偏置 $w_{ui}(t)$ 中 β 取 0.4。除正则化系数 λ 外，

其余参数采用原模型默认值，DGFFM 模型训练方式采用 Adam。DenseNet 部分输出通道设置为 ml-1m: [100, 50, 32]，表示模块 1 输出通道数为 100，翻译层输出通道数为 50，模块 2 输出通道数为 32。Criteo: [256, 128, 64]。多次实验后，每个模型最好的实验结果如表 8.1 所示。

表 8.1　模型准确度比较

数据集	FNN		DeepFM		DGFFM(FNN)		DGFFM(Wide&Deep)	
	AUC	logloss	AUC	logloss	AUC	logloss	AUC	logloss
ml-1m	—	0.7608	—	0.7493	—	0.7231	—	0.7028
Criteo	0.7935	0.4589	0.7989	0.4503	0.8167	0.4264	0.8185	0.4118

根据表 8.1，对实验结果进行分析如下：

① DeepFM 模型在两个数据集上均比 FNN 模型取得了更好的结果。在 ml-1m 上，DeepFM 模型 RMSE 减少了约 1.5%，在 Criteo 上，logloss 减少了约 1.9%，AUC 提高了约 0.7%。这在一定程度上说明了 Wide&Deep 具有一定的结构优势。

② 在三个模型中 DGFFM 均取得了最好的结果。具体而言，在 ml-1m 上，DGFFM(FNN)模型 RMSE 比 DeepFM 模型减少了约 3.5%，在 Criteo 上，logloss 减少了约 5.3%，AUC 提高了约 2.2%。这在理论上很好解释，首先 GFFM 模型相对于 FM 模型具有一定的优势，另外 DenseNet 相对于标准 DNN 也具有一定优势，两者优势结合进一步提高了模型预测准确度。

③ DGFFM(Wide&Deep)模型结果略好于 DGFFM(FNN)模型，在 ml-1m 上，RMSE 减少了约 2.8%，在 Criteo 上，logloss 减少了约 3.4%，AUC 提高了约 0.2%。由于在 Wide&Deep 结构中，为了保证最终层数不变，深度部分初始输入采用的是偏置+一次项，因此 Wide&Deep 结构中的 DGFFM 模型比 FNN 结构中的 DGFFM 模型多了一部分，这可能对最终结果也造成了一些影响。但总体而言，Wide&Deep 结构略好于 FNN 结构。

8.4　本 章 小 结

本章首先介绍了 ResNet 和 DenseNet 的工作原理，对目前先进的两种 CNN 结构 ResNet 和 DenseNet 进行了分析和对比。接着提出 DGFFM 模型，这是本书的研究成果之一，并采用 Wide&Deep 和 FNN 两种方式将 GFFM 模型与 DenseNet 进行集成，建立 DGFFM 模型。

最后，设计实验对 DGFFM 模型进行评价。通过实验分析不同集成方式的优劣，为未来的发展提供一些数据支撑。实验结果表明，将浅层模型与深度学习模型结合后，能够产生更好的推荐和预测效果。

第 9 章　FM 模型实现库及并行化处理

FM 模型的广泛研究和应用也产生了多个相关的开源实现库，对于初学者而言，可以学习 FM 模型预测和训练的源代码，可以直接调用相关的方法结合到实际的应用领域。一旦熟悉相关算法后，可以通过改进算法来达到更好的效果。

可以从两个方面来改进：一是采用前面所讲述的模型扩展方法来改进模型在实际应用领域的准确度；二是通过并行化(分布式、多线程等)技术来提高模型训练和预测的效率。本章将着重讲述 FM 模型的实现和并行化处理。

9.1　libFM

FM 模型是一个通过特征工程模拟大多数分解模型的通用方法。libFM 是一个软件包，实现了 SGD 算法和可选择最小二乘(alternating least square，ALS)优化，以及使用马尔可夫链蒙特卡罗(Bayesian inference using Markov Chain Monte Carlo，MCMC)算法[①]。

9.1.1　libFM 中核心类之间的关系

libFM 软件包中关于模型训练的几个核心类之间的关系如图 9.1 所示。最新的 libFM 源码中提供了四种训练的算法，分别为 SGD、Adaptive SGD(ASGD)、ALS 和 MCMC，其中 ALS 是 MCMC 的特殊形式，实际上其实现的就是 SGD、ASGD 和 MCMC 三种训练算法。

FM 模型训练的父类为 fm_learn，其定义在文件 fm_learn.h 中。fm_learn_sgd 类和 fm_learn_mcmc 类分别继承自 fm_learn 类，其中 fm_learn_sgd 类是基于梯度的实现方法，fm_learn_mcmc 类是基于蒙特卡罗的实现方法。

fm_learn_sgd_element 类和 fm_learn_sgd_element_adapt_reg 类是 fm_learn_sgd 类的子类，是两种具体的基于梯度方法的实现，分别为 SGD 和 ASGD 算法。

fm_learn_mcmc_simultaneous 类是 fm_learn_mcmc 类的子类，是具体的基于蒙特卡罗方法的实现。

---

① 官网为 http://www.libfm.org/，源码下载地址为 https://github.com/srendle/libfm。

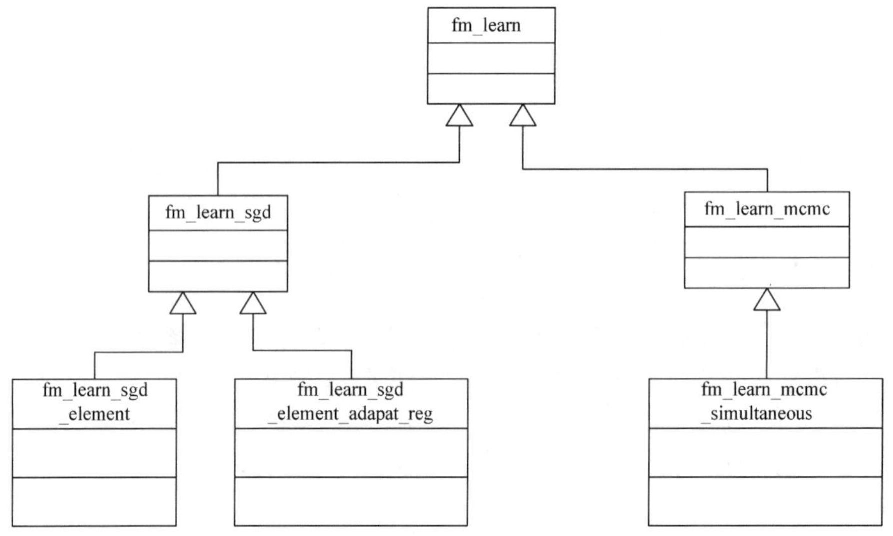

图 9.1　各 FM 模型学习类之间的关系

9.1.2　fm_learn 类代码解析

fm_learn 类为所有模型训练类的父类，以下分三个部分来解析。

(1) 头文件

```
#ifndef FM_LEARN_H_
#define FM_LEARN_H_

#include <cmath>
#include "Data.h"
#include "../../fm_core/fm_model.h"
#include "../../util/rlog.h"
#include "../../util/util.h"

```

(2) fm_learn 类包含的两部分定义

fm_learn 类包含两部分定义：public 属性和方法、protected 属性和方法。在 public 中，主要定义构造函数 fm_learn、初始化函数 init、评估函数 evaluate、学习函数 learn、预测函数 predict 和调试打印中间结果的函数 debug。

```
class fm_learn {
 public:
  fm_learn();
```

```
    virtual void init();
    virtual double evaluate(Data& data);
    virtual void learn(Data& train, Data& test);
    virtual void predict(Data& data, DVector<double>& out) = 0;
    virtual void debug();

    DataMetaInfo* meta;
    fm_model* fm; //FM 模型
    double min_target; //设置的预测值的最小值
    double max_target; //设置的预测值的最大值

    int task; // 0=regression, 1=classification，FM 可以完成回归任务与分类任务
    const static int TASK_REGRESSION = 0; //定义两个常量
    const static int TASK_CLASSIFICATION = 1;

    Data* validation; //验证数据集
    RLog* log; //日志指针

```

(3) protected 属性和方法

在这部分中定义了交叉项中需要用到两个数据，分别为 sum 和 sum_sqr。除此之外，还定义了预测函数 predict_case，它调用 fm_model 类中的 predict 函数，分类评估函数 evaluate_classification 和回归评估函数 evaluate_regression。

```
  protected:
    // these functions can be overwritten(e.g. for MCMC)
    virtual double evaluate_classification(Data& data); //分类评估函数
    virtual double evaluate_regression(Data& data); //回归评估函数
    virtual double predict_case(Data& data); //预测函数

    DVector<double> sum, sum_sqr;
    DMatrix<double> pred_q_term;
};

```

(4) 方法的实现部分

```
// Implementation
double fm_learn::predict_case(Data& data) {
  return fm->predict(data.data->getRow()); //调用 fm_model 类中 predict 函数
}

fm_learn::fm_learn() { //构造函数，初始化变量
  log = NULL;
  task = 0;
  meta = NULL;
}

void fm_learn::init() { //初始化
  if (log != NULL) {
    if (task == TASK_REGRESSION) {
      log->addField("rmse", std::numeric_limits<double>::quiet_NaN());
      log->addField("mae", std::numeric_limits<double>::quiet_NaN());
    } else if (task == TASK_CLASSIFICATION) {
      log->addField("accuracy", std::numeric_limits<double>::quiet_NaN());
    } else {
      throw "unknown task";
    }
    log->addField("time_pred", std::numeric_limits<double>::quiet_NaN());
    log->addField("time_learn", std::numeric_limits<double>::quiet_NaN());
    log->addField("time_learn2", std::numeric_limits<double>::quiet_NaN());
    log->addField("time_learn4", std::numeric_limits<double>::quiet_NaN());
  }
  sum.setSize(fm->num_factor); //设置交叉项中因子的个数
  sum_sqr.setSize(fm->num_factor);
  pred_q_term.setSize(fm->num_factor, meta->num_relations + 1);
}

```

```
double fm_learn::evaluate(Data& data) { //对数据进行评估
  assert(data.data != NULL); //检查数据不为空
  if (task == TASK_REGRESSION) { //回归
    return evaluate_regression(data); //调用回归的评价方法
  } else if (task == TASK_CLASSIFICATION) { //分类
    return evaluate_classification(data); //调用分类的评价方法
  } else {
    throw "unknown task";
  }
}

void fm_learn::learn(Data& train, Data& test) { //模型的训练过程
}


void fm_learn::debug() { //打印中间结果
  std::cout << "task=" << task << std::endl;
  std::cout << "min_target=" << min_target << std::endl;
  std::cout << "max_target=" << max_target << std::endl;
}

double fm_learn::evaluate_classification(Data& data) {
  int num_correct = 0; //类别的个数
  double eval_time = getusertime();
  for (data.data->begin(); !data.data->end(); data.data->next()) {
    double p = predict_case(data); //对样本进行预测
    if (((p >= 0) && (data.target(data.data->getRowIndex()) >= 0)) || ((p < 0) && (data.target(data.data->getRowIndex()) < 0))) { //预测值的符号与原始标签值的符号是否相同，若相同，则预测准确
      num_correct++;
    }
  }
  eval_time = (getusertime() - eval_time);
  // log the values
```

```
    if (log != NULL) {
log->log("accuracy", (double) num_correct / (double) data.data->getNumRows());
        log->log("time_pred", eval_time);
    }

    return (double) num_correct / (double) data.data->getNumRows();
}

double fm_learn::evaluate_regression(Data& data) { //回归问题预测
    double rmse_sum_sqr = 0; //误差的平方和
    double mae_sum_abs = 0; //误差的绝对值和
    double eval_time = getusertime();
    for (data.data->begin(); !data.data->end(); data.data->next()) { //取出每条
        double p = predict_case(data); //计算样本的预测值
        p = std::min(max_target, p); //防止预测值超出最大限制
        p = std::max(min_target, p); //防止预测值超出最小限制
        double err = p - data.target(data.data->getRowIndex()); //得到实际值
        rmse_sum_sqr += err*err; //计算误差平方和
        mae_sum_abs += std::abs((double)err); //计算误差绝对值和
    }
    eval_time = (getusertime() - eval_time);
    // log the values
    if (log != NULL) {
        log->log("rmse", std::sqrt(rmse_sum_sqr/data.data->getNumRows()));
        log->log("mae", mae_sum_abs/data.data->getNumRows());
        log->log("time_pred", eval_time);
    }

    return std::sqrt(rmse_sum_sqr/data.data->getNumRows());
}

#endif /*FM_LEARN_H_*/
```

分类问题中采用的评价标准是准确度：$\#(\hat{y}\cdot y>0)/m$；回归问题中采用的评

价标准是 RMSE：$\sqrt{(\hat{y}-y)^2/m}$。其中，$\hat{y}$ 表示对样本的预测值，y 表示样本的原始标签，$\#(\hat{y}\cdot y>0)$ 表示预测值与原始标签同号的样本的个数(原始标签 $y\in\{-1,1\}$)，m 表示样本个数。

9.2　FM 的其他实现库

9.2.1　libFFM

libFFM 也是一个软件包①，它实现了 FFM 模型及其学习方法，开发者是中国台湾大学的机器学习小组。FFM 模型曾在 Criteo、Avazu、Outbrain 和 RecSys 2015 中赢得了点击率预测的前三名。

9.2.2　fastFM

Bayer 等提出库 fastFM[115],实现了 FM 模型的回归、分类、排序，简化了 FM 模型的使用。fastFM 采用 Python 实现。

fastFM 库提供 Python 程序接口来使用 FM 模型②。所有的性能评测使用 C 语言，采用 Cython 进行封装。该库提供了 SGD、坐标下降(coordinate descent，CD)和 MCMC 优化算法，可以用于回归、分类和排序任务。

9.3　FM 模型的其他优化方法

Rendle 等采用三种学习方法在 LibFM 中找到源码[22]。关系型数据库是常用的数据存储方式，采用通常的表设计方法来存储矩阵会导致表的属性数量非常庞大，从而模型的学习和预测变得缓慢，甚至学习算法根本不可行，Rendle 等则采用巧妙的方法基于关系型数据库实现了 FM 模型，学习和预测的源代码在 libFM 中可以找到[116]。针对 FM 模型中包含一个非凸优化问题导致局部最小化，Blondel 等提出一个基于核范式的 FM 模型的凸形式，采用双块坐标下降算法(two-block coordinate descent algorithm)优化学习[117]。Blondel 等还采用多个凸优化来进行训练[118]。Yuan 等提出 RankingFM(ranking factorization machine)和 LambdaFM(lambda factorization machine)两种优化策略来优化 FM 模型[119]。

① 源码下载地址为 https://github.com/guestwalk/libffm。

② 官网为 https://pypi.org/project/fastFM/0.2.9/，源码下载地址为 https://pypi.org/project/fastFM/0.2.9/#files。

Pan 等针对广告交易数据的稀疏性，即存在大量零元素可能会严重影响 FM 模型的性能，提出了一种新的稀疏因子分解机(sparse factorization machine，SFM)模型[120]，其中使用拉普拉斯分布而不是传统的高斯分布来对参数进行建模，因为拉普拉斯分布可以更好地拟合更高比例的稀疏数据零元素。Freudenthaler 等提出的贝叶斯因子分解机(Bayesian factorization machine，BFM)模型[121]有非常好的预测性能和便捷的参数自动调整的能力，但有两个缺点：一是它假设数据服从高斯分布，这对于类似于整数型评分(integer-valued rating)数据未必是最好的假设；二是为了获得更好的性能，它必须对用于模型中特征交互的隐因子数量进行交叉验证，这一过程需花费大量计算。FM 模型通常采用 SGD 算法进行学习，但是 SGD 算法需要手工调整学习率和正则化参数，并且可能会在数据上产生过拟合。BFM 模型使用 MCMC 采样作为推理机制，避免高成本的手工调整学习率和正则化参数的过程。Saha 等提出了非参数泊松因子分解机(nonparametric Poisson factorization machine，NPFM)模型[122]，它假设数据服从泊松分布(Poisson distribution)，这对于建模和数据训练计算都非常有利。NPFM 模型作为一个非参数模型，会从数据本身发现最适合的隐因子数量。FM 模型中用户、物品和上下文变量之间的交互被建模成它们各自隐因子特征的线性组合(linear combination)，但是将用户、物品和上下文变量之间的交互限制成线性组合并不现实。为了解决这一限制，Nguyen 等提出了高斯过程因子分解机(Gaussian process factorization machine，GPFM)模型，即使用高斯过程的非线性概率算法来应对上下文感知推荐，可以被应用到隐式反馈和显式反馈数据集[123]。一般的高斯处理回归的推断和学习算法都是关于数据集样本大小的立方级复杂度(cubic complexity)，Huang 等提出了网格高斯过程因子分解机(grid-based Gaussian process factorization machine，GGPFM)模型来捕捉用户与物品之间的非线性交互[124]，将潜在特征(latent feature)赋予网格结构(grid structure)来降低模型复杂度。

9.4　FM 模型的并行实现

准确度和效率是评价预测和推荐模型的两个重要指标。通过从宽度上改进模型，以及从深度上与深度学习模型集成，可以极大地提高模型的准确度。FM 模型提供了线性的计算复杂度和有用的数据嵌入，但是当数据和特征规模增大时，模型的扩展代价非常高。FM 模型与深度学习集成后，大数据和模型扩展性问题更加严重。

2017 年 3 月，谷歌大脑负责人 Jeff Dean 在加州大学圣塔芭芭拉分校做了一

场题为“通过大规模深度学习构建智能系统”的演讲，提到当前的做法是

$$\text{解决方案} = \text{机器学习(算法)} + \text{数据} + \text{计算力} \tag{9-1}$$

未来有没有可能变为

$$\text{解决方案} = \text{数据} + 100\text{倍的计算力} \tag{9-2}$$

从中可以看出，谷歌认为机器学习算法能被超强的计算力取代或者部分取代。

机器学习算法的独特性在于：一是迭代性，模型的更新需要循环迭代多次；二是容错性，每个循环中可能产生的错误不影响模型最终的收敛；三是参数收敛的非均匀性，模型中有些参数经过几次循环后不再改变，其他参数可能仍需很长时间收敛。面对海量的数据加上复杂的数学运算，这些因素决定了分布式机器学习系统的特殊性。大数据的机器学习存在着许多挑战和机遇[125,126]，通常会采用三种方案：

① 数据并行(data parallelism)方案，如图 9.2 所示。采用经典的主从服务模式，对训练数据进行划分，分布式存储到各个节点上，每个节点都运行着一个或多个模型训练进程，各自完成前向和后向的计算，得到梯度。训练结束后，各节点把参数传递给主服务器，主服务器进行参数的合并与更新，把更新后的参数再分发到各个节点，再次进行训练。通过多个节点并行训练来提高学习效率。

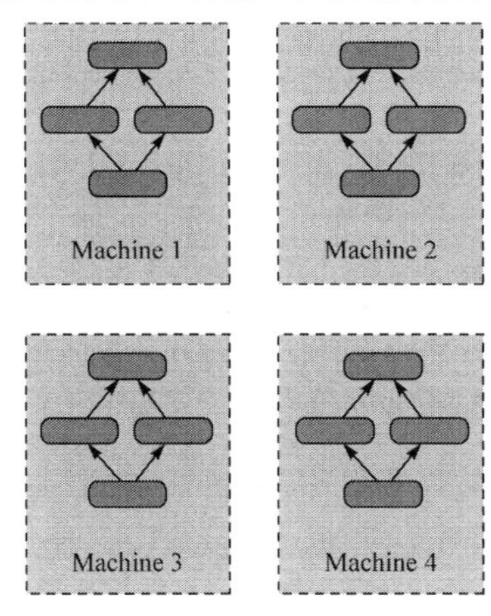

图 9.2 数据并行

② 模型并行(model parallelism)方案，如图 9.3 所示。当模型巨大，单机内存不足时，将计算工作进行划分，即同一个大模型的不同部分交给不同节点(如多层网络的各个节点)，不过这样会产生很大的通信开销。模型并行相对数据并行更加复杂，不过开源框架如 TensorFlow 平台直接支持模型并行。

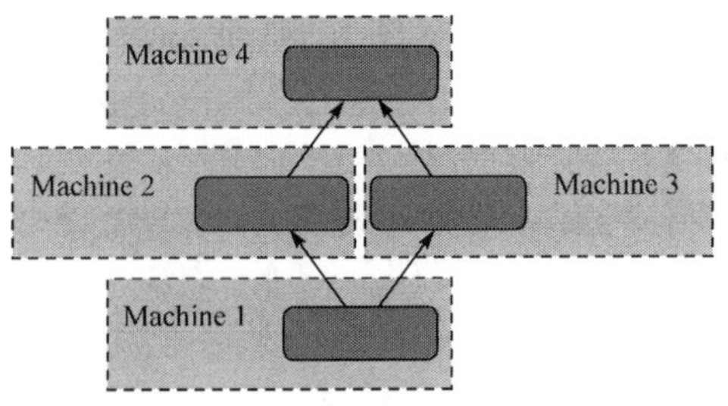

图 9.3　模型并行

③ 混合并行(hybrid parallelism)方案，如图 9.4 所示。在一个集群中，既有模型并行，又有数据并行。例如，可以在同一台机器上采用模型并行(在 GPU 之间切分模型)，在机器之间采用数据并行。

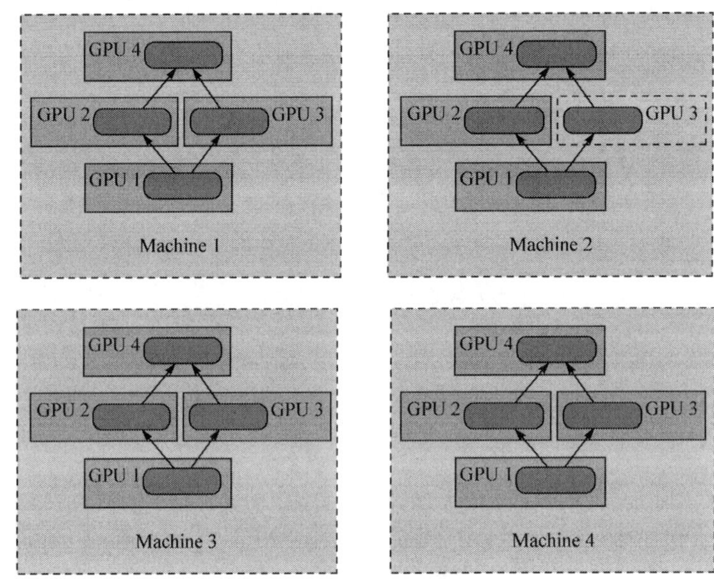

图 9.4　混合并行

目前主流的解决方案是使用分布式框架和并行计算模式，硬件方面则使用 GPU 和 TPU 等进行加速。以下将总结 FM 模型及其变体在提高效率方面的相关研究。

MapReduce 并行计算模式在大数据处理领域应用非常广泛，也可被用于提高 FM 模型的学习效率。Sun 等实现了基于 MapReduce 的 SGD 算法用于 FM 模型的学习，主要通过数据并行来提高模型的学习效率。不过 MapReduce 模式的特征也决定了其更适合处理数据并行[127]。Yan 等基于 Spark 平台来实现 FM 模型的学习，其核心思想与 MapReduce 类似[26]。Knoll 等采用参数服务器(parameter server，PS)为 FM 模型提出了一种分布式的 SG 算法[33]。参数服务器是一个算法的计算引擎，其计算由两组分开的计算机完成，分别是服务器(server)和工作者(worker)。服务器用于管理和更新模型的参数，工作者处理训练数据，任务调度器和资源管理器负责控制数据流。Li 等也采用参数服务器，通过一个有向无环图(directed acyclic graph, DAG)提供了灵活的数据一致性模型[128]。Zhong 等在参数服务器上实现了分布式的 FM 模型，即 DiFacto，采用自适应的内存限制和频度自适应的正则化机制，基于数据和模型统计来执行细粒度的控制，并在多台机器分发 DiFacto[129]。Li 等提出一个新的系统框架，集成了参数服务器和 MapReduce 模式。通过 MapReduce 实现数据并行，通过参数服务器实现模型并行，并解决了通信开销问题和参数更新冲突问题[130]。

随着深度学习领域持续火热，各种开源框架层出不穷，常用的有 TensorFlow、Caffe、MXNet、CNTK、Theano、PyTorch 等。TensorFlow 在各方面都处于绝对领先地位，这得益于 Google 在深度学习领域杰出的贡献以及强大的感召力。除 CNTK 之外，上述几种框架都支持 Python 语言，可见 Python 语言在深度学习领域的重要性。

9.5　本 章 小 结

FM 模型的实现库非常多，有 C 语言和 Python 语言的实现版本。根据不同的应用，FM 模型可以采用不同的损失函数来作为优化目标，模型的优化方法也可以选择。

目前主流的解决方案是使用分布式框架和并行计算模式，硬件方面则使用 GPU 和 TPU 等进行加速。不管是数据并行还是模型并行，都能提高模型的训练效率。几种开源框架都支持 Python 语言。

第 10 章　时尚电商领域的推荐系统研究

大淘宝(包括天猫、聚划算)平台已经占据中国线上零售 80%以上的市场份额。大家都在拼上新品速度、客服响应速度、订单处理速度、物流速度、库存周转速度、资金周转速度等，电商环境变得越来越快，这个现象被称为“快电商”。“快时尚”是指上新品速度快、平价和紧跟时尚潮流。在“快电商”环境下，“快时尚”品牌更容易适应。这就是本章所研究的时尚电商，它与普通电商的不同在于：用户更加年轻，受流行趋势影响大，而且更愿意去分享；时尚物品更注重外表(图像展示)。时尚电商的各种数据能够为推荐提供更多的依据，推荐也能为时尚电商提供更多的增值服务。本章将研究大数据背景下，时尚电商推荐面临的挑战和可能的研究热点，以及关键问题和技术。

10.1　深度学习为时尚推荐研究带来新思路

传统推荐方法与模型主要关注非视觉文本属性及其交互。常用的非视觉属性包括用户与物品的固有特征描述，物品的星级评价，用户的购买历史、书签、浏览日志、查询模式、鼠标活动等。随着智能终端和移动互联网技术的广泛应用，一些新的非视觉属性被加入到推荐模型中，如用户位置信息和社交网络信息。借助大数据相关技术，通过迭代训练和自适应学习，为用户提供更高效、更准确的服务。不过要获得这些信息一般都需要第三方的支持。

在以视觉为主导的电商领域，图像的直观性有助于提高推荐的准确度。基于视觉的电商领域，尤其是快速时尚领域(如 Zara、H&M、优衣库等)，在线平台的物品查询以及推荐高度依赖于用户对物品的视觉体验。目前电商提供的推荐方法主要是基于文本特征的匹配，不过文本特征不能完全表达用户的潜在偏好。例如在某时尚电商网站输入文本“粉色碎花背心”时，查询条件中只能抽取“粉色”“碎花”“背心”等关键词，无法表达潜在的款式、搭配等特征信息。有些电商平台也提供基于图像内容的推荐，从图 10.1 可以看出，基于图像的推荐结果比文本查询更能反映用户偏好。

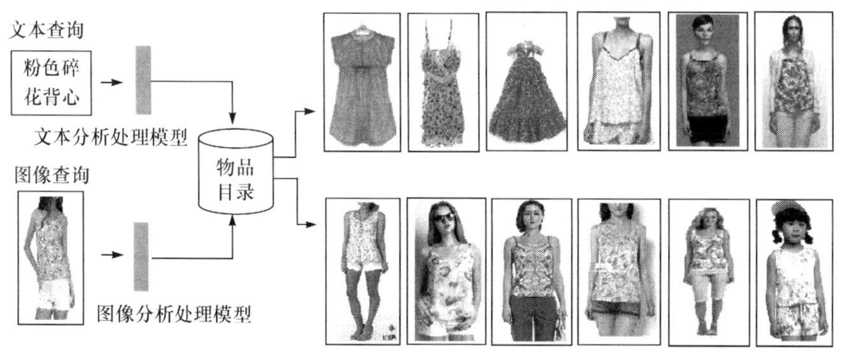

图 10.1　基于文本特征和图像内容的推荐示例

不过早期视觉特征的获取仅限于传统的基于内容的特征描述符，其表达的含义有限，而且需要人工设计特征。目前深度学习已成功应用于图像检测、图像分割、图像标注和图像生成等领域，如将其拓展到推荐系统将能突破时尚推荐方法中视觉特征缺失的瓶颈。相关研究表明，基于深度学习的视觉特征能为推荐系统带来更高的准确度。

10.2　大数据环境下时尚电商推荐系统框架及面临的问题

“互联网+”的发展以及大数据技术正在开启一个全新认知的大数据时代，FM 模型是目前预测和推荐领域研究和应用最广泛的模型之一，要在大数据环境下的推荐系统中发挥作用，需要首先了解其框架，然后发现框架中可能存在的问题，并提出对应的解决方案。图 10.2 展示了大数据环境下推荐系统的框架及其面临的问题。

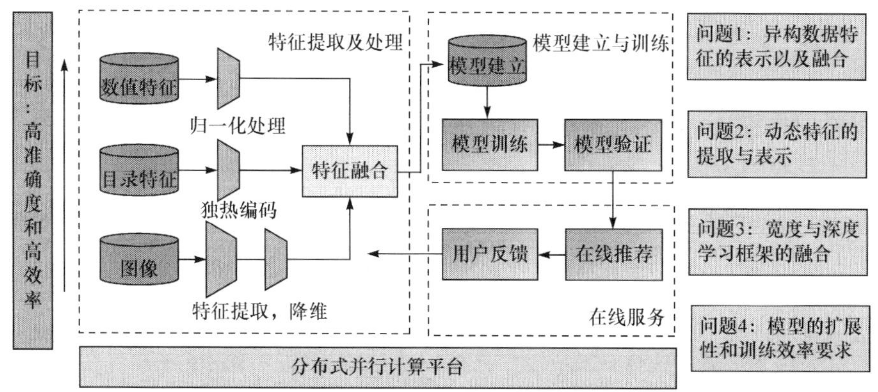

图 10.2　大数据环境下推荐系统的框架及其面临的问题

时尚推荐领域在其推荐模型中融合基于深度学习的视觉特征，将会比传统推荐方法具备更多的优势，不过面对大数据以及复杂计算的挑战，目前尚存在几个有待深入研究的重要问题。

① 多信息源给用户和物品特征的表示带来多样性和复杂性，尤其是图像信息源，其视觉特征维度高且数量大。目前的推荐模型采用的信息源比较单一，有些主要考虑非视觉属性，有些主要考虑视觉特征；非视觉属性和视觉特征从不同的角度去表达语义，可能存在分歧或差异；采用深度学习方法后，高维度的视觉特征对物品描述更精确，可是计算代价非常高。对这两者进行有效融合的研究工作较少。

② 现有推荐模型对于时尚进化趋势缺乏判断，根据视觉特征对用户行为的时空动态性进行建模更加复杂。时尚电商的最大特点之一是用户的喜好会受到时尚趋势的影响，服务商对物品的标注以及物品图像本身也会引领时尚趋势，所以在推荐模型中需要考虑模型对时空动态性的描述。目前基于深度学习的图像检测和图像标注等模型均没有对图像特征的时空动态性进行研究，而且推荐领域也缺少相关的模型。

③ 深度学习和大数据要求模型训练算法具有高可扩展性。通过深度学习后，物品图像的视觉特征维度可达到 4 096，需要大量计算；当图片数量增多，模型深度增加时，计算量将急剧增长；模型还需考虑视觉特征的时空动态性，其训练过程更加复杂，可扩展性也会受到影响。目前相关研究主要关注模型的批量处理，如何利用分布式系统进行并行和增量式计算来提高效率，还有待研究。

④ 在线推荐引擎要求实时性。在线应用面临高并发和实时性的双重考验，传统的解决方法是在实时性和准确性之间寻找折中。融合深度学习的视觉特征后，属性维度增多，时空动态性变强，在不影响准确度的前提下保持或提高响应速度是在线推荐引擎的关键。尽管流行的通用分布式计算框架提供了并行处理支持，但是由于在线时尚推荐系统的特殊性，相关方法和关键技术还需进一步研究。

10.3　融合视觉特征的推荐系统研究内容

融合视觉和非视觉特征后，推荐系统的研究内容如图 10.3 所示。可以从三个方面来考虑。

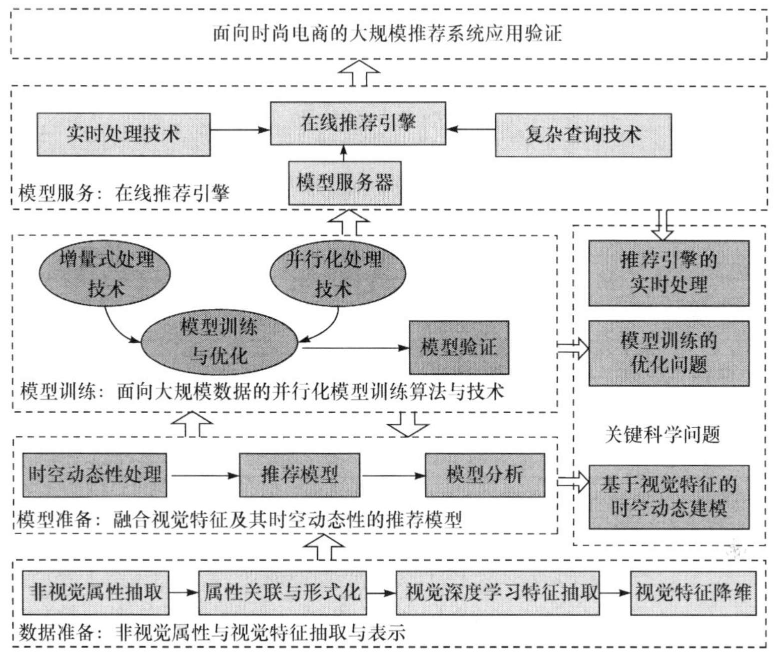

图 10.3　推荐系统的研究内容框架

10.3.1　融合非视觉属性与视觉特征及其时空动态性的推荐模型研究

非视觉属性通常从文本中提取，这些属性之间隐藏着一定的关联关系，需要在模型中反映出来。视觉特征从图像中提取，对于每个物品，都有一个或多个与之对应的图片。为了保持图片的统一性，便于分析，Amazon、Zalando 等电商对上传图片的格式、大小、属性等有较为明确的要求。图片采用训练后的深度学习模型来计算特征，如 7 层的 AlexNet 输出特征维度可达 4 096。为了后续将其与非视觉属性进行有效融合，需要采用适当的方式来对如此高维度的视觉特征进行降维。属性和特征的时空变化能够反映时尚变化趋势，用户的行为也会受到时尚趋势的影响。所以非视觉属性及其相互关联关系、视觉特征及其相互关联关系、数据的时空动态性都将是构建推荐模型的基础。具体研究内容包括：

① 分析非视觉属性的提取方式，以及属性之间的关联关系，研究非视觉属性的形式化表示方法，为推荐模型建立提供数据基础。

② 分析提取视觉特征的深度学习算法，研究视觉特征的降维方法，设计融合两类不同属性的推荐模型。

③ 分析视觉特征的时空动态性对时尚趋势的影响，在推荐模型中添加时间因子来反映时尚进化，并研究其对模型复杂度的影响。

10.3.2 面向大规模数据的并行化模型训练算法与技术研究

为了构建准确度更高的模型，在模型中采用了非视觉属性以及高维的视觉特征，并且添加了时间因子。模型参数的增多以及训练数据的大规模使得训练算法的设计更加复杂，计算量更加庞大。分布式并行处理是提高计算效率的主流方式，设计模型训练算法时需要充分利用并行化处理技术和多线程技术。提高算法效率的同时还要确保算法具有高可扩展性，从而能适应大规模的数据需求。大量的训练数据对于产生准确度更高的模型具有优势，但是也要防止数据的过度拟合问题，故需要采取相关策略来避免此问题。面对数据持续产生的大数据环境，模型需要经常训练从而满足时尚需求。批量数据的训练非常浪费时间，增量式的处理则能够提高效率，但这对训练算法的设计提出了更高的要求。具体研究内容包括：

① 针对模型设计复杂、训练数据规模大的问题，采用分布式环境下的并行处理技术，设计高效率和高可扩展性的模型训练算法。

② 为防止训练数据的过度拟合问题，设计能反映预测能力的评估指标和相应策略。

③ 为了更新模型来反映时尚进化趋势，研究和设计模型训练的增量式处理策略，避免批量处理带来的低效率。

10.3.3 在线推荐引擎研究

模型训练和验证完成之后，即可加载到模型服务器中。对于用户的每个请求，推荐引擎将根据数据库中物品属性、用户属性、用户对物品的评价和反馈，对所有物品进行分数计算，并按照从高到低顺序显示。在线应用需要应对请求的高并发和响应的实时性双重考验，可使用多线程技术对推荐引擎进行并行化处理来优化性能，避免串行处理带来的高延迟。同时，面对不同的输入，如文本或图像，引擎还需提供多种服务，包括产生 top-k 的推荐物品集、时尚关键词的推荐。具体研究内容包括：

① 设计并实现在线推荐引擎，利用经过训练的推荐模型，为在线用户提供服务。

② 研究实时处理技术，分析分布式计算环境下资源的优化、实时任务的调度以及多线程的交互对推荐引擎的影响。

③ 研究支持文本和图像的复杂查询技术，以及时尚关键词推荐和标签库自动生成技术。

10.4 关键问题

10.4.1 基于视觉特征的时空动态建模

时尚电商领域的推荐系统相比其他领域而言具有以下特点：物品的更新换代快，用户偏好受时尚趋势影响大，而且用户的个性化需求高。因此，要求推荐模型能够通过用户与物品属性的时空动态性来反映时尚趋势。时尚趋势从宏观和微观角度而言又有长期和短期变化之分，需要在建模时添加不同的时间因子来反映。

影响时尚趋势的各类属性中，非视觉属性的时空动态性变化小，对推荐结果影响不大，不是研究重点。视觉特征维度高，表达的信息更加丰富，时空动态性更强，建模也更加复杂，在整个模型构建中占有较大比例。基于视觉特征的动态时空建模是模型构建过程中的关键问题，直接影响系统推荐效果。

10.4.2 模型训练的优化问题

模型训练过程中优化的终极目标是模型参数能够拟合全部数据，然而大多数情况下，无法获取全部的训练数据或者不知道样本的分布，所以模型训练优化时最简单的思路就是让模型去更好地拟合训练数据。采用批量或者全量样本进行优化，能够得到准确的梯度，但不是线性关系。而且模型灵活度越高，它对训练数据模式(包括信号和噪音)的拟合度也越好；模型越复杂，模型在测试数据和训练数据上表现的差异性就越大(主要原因是训练数据过拟合)。

当推荐模型面向时尚领域时，模型要求能够反映属性数据的时空动态性，构建的模型中将存在普通参数和超参数，在模型训练优化时要考虑的细节包括：如何在大规模数据集中选择训练数据，如何防止数据的过度拟合，如何调整超参数，以及大数据环境下如何提高效率和可扩展性。优化对于模型准确度具有重要影响，是模型训练过程中的关键问题。

10.4.3 推荐引擎的实时处理

当用户请求并发数达到一定规模且推荐模型相对复杂时，推荐的实效性可能变得非常差。如何提高引擎效率来确保推荐的实时处理是在线推荐的关键问题。这里所指的实时处理，不是推荐模型的实时更新，而是针对用户请求的快速响应。在算法上使用聚类技术，如最大期望(expectation maximization，EM)、K-means、Gibbs 采样、模糊聚类等，能够缩小用户或物品的最近邻居搜索范围，从而提高推荐的实时性；在架构上可以采用基于 Spark、Kiji 和 Storm 等分布式并行计算框架来支持实时的流式计算。

针对在线时尚推荐的实时处理问题，需要同时从算法和架构角度进行考虑。高吞吐率和低延迟是评价推荐引擎的两个重要指标，并行处理技术是重要的技术手段。实时处理要考虑的细节包括：利用并行技术和多线程技术来设计推荐引擎，在推荐算法中对任务进行划分来降低请求的延迟。实时处理直接影响用户的体验，是模型服务过程中的关键问题。

10.5 相关技术

首先给出几个符号定义，便于技术路线和关键技术的表述，如表 10.1 所示。

表 10.1　符号定义

符号	解释
U，I	用户集、物品集
I_u^+	用户 u 的正向物品集
P_u，V_u，T_u	I_u^+ 的训练、验证、测试数据子集
S_n^u	第 n 步与 u 交互的物品
$\hat{x}_{ui}(t)$	t 时刻第 n 步 u 对 i 的偏好预测
α，β_u，β_i	全局偏置、用户 u 的偏置、物品 i 的偏置
x_u，x_i	用户 u 和物品 i ($K\times1$)的潜在因子
θ_u，θ_i	用户 u 和物品 i ($D\times1$)的视觉因子
$\theta_u(t)$	t 时刻用户 u 的视觉因子
$E(t)$	t 时刻的嵌入矩阵($D\times F$)
$\beta(t)$	t 时刻视觉偏置向量

10.5.1 基于深度卷积神经网络的视觉特征提取方法

基于数据特征的深度卷积神经网络模型最近被成功应用于对象检测、图像匹配等领域，相关研究已证明基于海量数据训练的 deep CNN 模型可以精确应用于其他数据集，在新的数据集中仍然能够产生很好的效果。假设 f_i 表示物品 i 的原始视觉特征向量，那么 θ_i 的建模方式为

$$\theta_i = E^{\mathrm{T}} f_i \tag{10-1}$$

其中，E 是一个 $D \times F$ 的嵌入 deep CNN 视觉特征空间(D 维)的矩阵(F 维)。两个物品之间的视觉关系可以表示为

$$\theta_{i,j} = E^{\mathrm{T}} \left(f_i - f_j \right) \tag{10-2}$$

这种低秩嵌入方法仅仅能捕获两个物品是否关联的维度。实际应用中，物品之间的关联关系可能体现为多种原因，如一件 T 恤和一条短裙搭配合适的原因可能是颜色、质地或者款式等。为了解决这个问题，可以采用多重嵌入，两个物品之间的关系可以表示为

$$\theta_{i,j} = E_0^{\mathrm{T}} f_i - E_k^{\mathrm{T}} f_j \tag{10-3}$$

其中，E_0 把物品 i 对应到一个参考点，$E_0^{\mathrm{T}} f_i$ 对应锚点空间，$E_k(k=1,2,\cdots,N)$表示与物品 j 的潜在匹配。

把模型建立在混合专家(mixture of expert，MoE)框架之上，便于在不同的嵌入之间切换。那么对于给定物品对(i,j)，使用一个 Softmax 公式来对第 k 个嵌入进行建模。两个物品之间的关系进一步表示为

$$\theta_{i,j} = \sum_{k=1}^{N} \frac{\exp\left(H_{:,k}^{\mathrm{T}} f_i \right)}{\sum_m \exp\left(H_{:,m}^{\mathrm{T}} f_i \right)} \cdot \left(E_0^{\mathrm{T}} f_i - E_k^{\mathrm{T}} f_j \right) \tag{10-4}$$

其中，H 是一个新加入的 $F \times N$ 的参数矩阵，$H_{:,k}$ 是它的第 k 列。

10.5.2　基于 iFFM 模型的非视觉属性建模

对于非视觉因子采用 iFFM 模型，该模型是对 FFM 和 FM 模型的改进。该模型运用特征工程技术将因子选择智能地嵌入到算法求解过程中，并综合利用 Gibbs 采样和 SGD 算法来提高推荐准确度。特征 x_i 的关系映射表示为

$$\hat{x}_i = x_i + B_i \tag{10-5}$$

假定 p_u 、q_v 分别为用户 u 的偏好、物品与属性的关联程度，u_i 和 v_i 为相应的影响权重矩阵，则

$$\hat{y}'_{\text{user}}(x) = \sum_{i=1, i \notin t(u)}^{t_1} w_{f_i} \left(x_i + u_i^{\mathrm{T}} p_u \right) = \hat{y}_{\text{user}}(x) + \sum_{i=1, i \notin t(u)}^{t_1} w_{f_i} x_i \tag{10-6}$$

$$\hat{y}'_{\text{item}}(x) = \sum_{i=1, i \notin t(v)}^{t_2} w_{f_i} \left(x_i + v_i^{\mathrm{T}} q_v \right) = \hat{y}_{\text{item}}(x) + \sum_{i=1, i \notin t(v)}^{t_2} w_{f_i} x_i \tag{10-7}$$

其中，w_{fi} 为特征 x_i 所在的场 f_i 对 x_i 的影响权重。实际操作中，先判断 x_i 所在的

场 f_i 所属的集合，若是用户属性集合则按式(10-6)计算，若是物品集合则按式(10-7)计算，其余情况下，默认结果为 0。那么模型可以表示为

$$\hat{y}(x)=\omega_0+\sum_{i=1}^{n}\omega_i x_i+\hat{y}_{\text{user}}(x)+\hat{y}_{\text{item}}(x)+\sum_{i=1}^{n}\sum_{j=i+1}^{n}\left\langle v_{i,f_j},v_{j,f_i}\right\rangle x_i x_j \tag{10-8}$$

结合两类属性，在考虑非视觉属性时首先研究用户因子和物品因子，将 iFFM 模型简化为

$$\left\langle \gamma_u,\gamma_i\right\rangle=\sum_{u=1}^{N_u}\sum_{i=1}^{N_i}\left\langle v_{u,g_i},v_{i,g_u}\right\rangle x_u x_i \tag{10-9}$$

其中，g_u 和 g_i 分别表示用户 u 和物品 i 的属性，x_u 和 x_i 分别表示用户 u 和物品 i 的因子。采用 6 个因子来描述物品，分别是品牌、商品组、颜色、样式、价格、质地，采用 4 个因子来描述用户，分别是年龄、性别、职业、位置。如果用户的出生年用 τ 表示，那么用户的年龄计算方式为

$$\text{age}(u)=\begin{cases}0, & \tau>2005\\ 15, & 2005\geqslant\tau>2000\\ 20, & 2000\geqslant\tau>1995\\ 25, & 1995\geqslant\tau>1990\\ 30, & 1990\geqslant\tau>1980\\ 40, & \tau\leqslant 1980\end{cases} \tag{10-10}$$

然后把用户和物品的标签以独热编码向量来表示，空标注用 0 向量代替。

10.5.3 基于 VBPR 的视觉特征建模

视觉贝叶斯个性化排序(visual Bayesian personalized ranking，VBPR)模型是 BPR 模型的扩展，在物品推荐中添加视觉信号，用于预测用户 u 对物品 i 的偏好,其模型表示为

$$\hat{x}_{ui}=\underbrace{\alpha+\beta_u+\beta_i}_{\text{偏置}}+\underbrace{\left\langle \gamma_u,\gamma_i\right\rangle}_{\text{非视觉交互}}+\underbrace{\left\langle \theta_u,\theta_i\right\rangle}_{\text{视觉交互}} \tag{10-11}$$

其中，α 是全局偏置，β_u 和 β_i 分别是用户和物品的偏置项，γ_u 和 γ_i 是 K 维向量，用于描述用户 u 和物品 i 的潜在因子，θ_u 和 θ_i 是 D 维视觉因子，用于描述用户 u 和物品 i 的视觉交互关系。

10.5.4 基于马尔可夫链的时间序列预测

假设 $S^u=\left(S_1^u,S_2^u,\cdots,S_{N_u}^u\right)$ 代表用户 u 的序列活动历史，那么用户 u 在下一次

访问物品 i 的概率 $P\left(X_t^u = i \middle| S_{n-1}^u\right)$ 可以表示为个性化的马尔可夫链，其中 X_n^u 是用户 u 在时刻 n 的选择，$\left|S^u\right| = n-1$。考虑更长时间的序列预测，由于真实世界中数据规模大，而且表示稀疏，因此考虑采用个性化的退化(decaying)策略来建模马尔可夫链。模型表示为

$$\hat{x}_{ui} = \alpha + \beta_u + \beta_i + \langle \gamma_u, \gamma_i \rangle + \langle \theta_u, \theta_i \rangle + \left\langle \sum_{k=1}^{K} \left(\omega_u^k + \omega^k \right), \theta_{i,S_{n-k}^u} \right\rangle \tag{10-12}$$

其中，k 是个性化的退化权值，ω 是全局偏置向量，由所有用户共享。由于不同用户可能表现不同，因此应该在模型中考虑个性化，模型参数可以进一步调整为

$$\omega_u^k = \frac{1}{\mathrm{e}^{a_u \cdot (k-1) + b_u}}, k = 1, 2, \cdots, K \tag{10-13}$$

10.5.5　基于 SGD 算法的模型训练方法

在模型优化时，SGD 算法每次从训练集中随机选择一个样本来进行学习，Adam 是一种基于梯度的优化算法，结合了 AdaGrad 善于处理稀疏梯度和 RMSprop 善于处理非平稳目标的优点，对内存需求较小，为不同的参数计算不同的自适应学习率，适用于大多非凸优化，也适用于大数据集和高维空间。所以本书将采用 Adam 算法来优化模型，其过程描述如下。

首先，计算次梯度

$$g_\Theta = \sigma\left(-\hat{x}_{uij}\left(t_{ui}\right)\right) \cdot \frac{\partial \hat{x}_{uij}\left(t_{ui}\right)}{\partial \Theta} - \lambda_\Theta \Theta \tag{10-14}$$

其次，对于第 d 次迭代，计算

$$\left(\varphi_\Theta\right)_d \leftarrow \xi\left(\varphi_\Theta\right)_{d-1} + (1-\xi)\left(g_\Theta\right)_d \tag{10-15}$$

$$\left(\phi_\Theta\right)_d \leftarrow \zeta\left(\phi_\Theta\right)_{d-1} + (1-\zeta)\left(g_\Theta\right)_d^2 \tag{10-16}$$

$$\left(\hat{\phi}_\Theta\right)_d \leftarrow \frac{\left(\phi_\Theta\right)_d}{\zeta^d},\ \left(\hat{\varphi}_\Theta\right)_d \leftarrow \frac{\left(\varphi_\Theta\right)_d}{\xi^d} \tag{10-17}$$

最后，更新 Θ_d 值，即

$$\Theta_d \leftarrow \Theta_d + \frac{\eta}{\sqrt{\left(G_\Theta\right)_d}}\left(g_\Theta\right)_d \tag{10-18}$$

其中，η 是学习速率。由于采样策略可能在某种程度上影响模型的性能，所以在对用户进行采样时将采用平均 AUC 值来优化，其定义为

$$\mathrm{AUC}=\frac{1}{|U|}\sum_{u}\frac{1}{|E(u)|}\sum_{(i,j)\in E(u)}\delta\left(\hat{x}_{uij}\left(t_{ui}\right)>0\right) \tag{10-19}$$

其中，$\delta(\cdot)$是指示函数(indicator function)。对于每个用户，可以通过数据对(pair)来验证，即

$$E(u)=\left\{(i,j)\middle| i\in T_u\wedge j\notin\left(P_u\cup V_u\cup T\right)\right\} \tag{10-20}$$

用户 u 和物品 i 的采样根据比例 6:2:2 分成训练集 P_u、验证集 V_u 和测试集 T_u，评价采用指标 AUC 来衡量。过度拟合是很多机器学习算法都面临的问题，在每次迭代结束时计算 AUC 值。如果 AUC 值下降，那么记录迭代的值，并停止；否则重新训练模型。

10.5.6 基于 TensorFlow 的并行算法实现

TensorFlow 是一个采用数据流图(data flow graph)，用于数值计算的开源软件库。TensorFlow 框架让开发者可以在多种平台上展开计算，能够提供分布式训练、并行化、向量化和 GPU 支持等计算优势。TensorFlow 本身适合用来进行大规模的数值计算，其中也包括训练深度神经网络模型的实现。数据产生、模型训练和服务等过程都将基于分布式系统来展开研究。

TensorFlow 大部分内核并不用 Python 语言编写，它使用了 Eigen(高性能 C++和 CUDA 库)和 NVidia 的 cuDNN(用于 NVidia GPU 的非常优化的 DNN 库，用于卷积等功能)。TensorFlow 选择 Python 作为表达和控制模型训练语言的原因在于：Python 可能是大量数据科学家和机器学习专家用得最“舒适”的语言之一，它易于集成和控制 C++后端，同时也能广泛使用 Google 公司相关的开源产品。在 TensorFlow 基本框架下，Python 本身的性能并不重要，因为框架可以提供优化。另外，NumPy 是 Python 语言的一个扩充程序库，它可以很容易地在 Python 中进行高性能的预处理，然后将它们提供给 TensorFlow，以获得真正的 CPU 密集的计算。

10.6 本 章 小 结

在以视觉为主导的电商领域，图像的直观性有助于提高推荐的准确度。基于视觉的电商领域，尤其是快速时尚领域(如 Zara、H&M、优衣库等)，在线平台的

物品查询以及推荐高度依赖于用户对物品的视觉体验。

不过早期视觉特征的获取仅限于传统的基于内容的特征描述符，其表达的含义有限，而且需要人工设计特征。目前深度学习已成功应用于图像检测、图像分割、图像标注和图像生成等领域，如将其拓展到推荐系统，将能突破时尚推荐方法中视觉特征缺失的瓶颈。相关研究表明，基于深度学习的视觉特征能为推荐系统带来更高的准确度。

本章介绍了大数据时代时尚电商领域中推荐系统框架、研究内容、存在的关键问题，以及可以采用的关键技术等，可为该领域的研究人员提供参考以及带来新的思路。

第 11 章　一个 N-阶段购买决策模型

通常地，推荐方法会根据大量数据分析为用户提供最终的购买决策。但是很少有推荐方法会分析用户的真实购买过程，比如一个用户打算在 Amazon 购买一个耳机，他登录 Amazon 网站时，并没有确定自己想要买的物品，所以不会直接点击网站提供的某个物品，而是可能首先会查询耳机所属的电子类物品，然后选择耳机的风格，接着考虑品牌、特点，最后会选择需要购买的物品。根据这个真实的购买过程，本书提出了一个 N-阶段购买决策(N-stage purchase decision，NSPD)模型，以下将围绕该模型的建立与学习展开分析和讨论。

11.1　研究背景

图 11.1 模拟了一个用户在电商网站(如 Amazon、京东、淘宝等)购买耳机的过程。当用户想要购买一个耳机时，他首先会在所有商品类别(category)中选择耳机(headphone)，然后会选择想要的品牌(brand)，如索尼(Sony)，接着会选择耳机的特征，如无线(wireless)、运动(sports & exercise)或麦克风(microphone)，接下来还会有一些其他的特征选择，最后选中某个具体的物品。

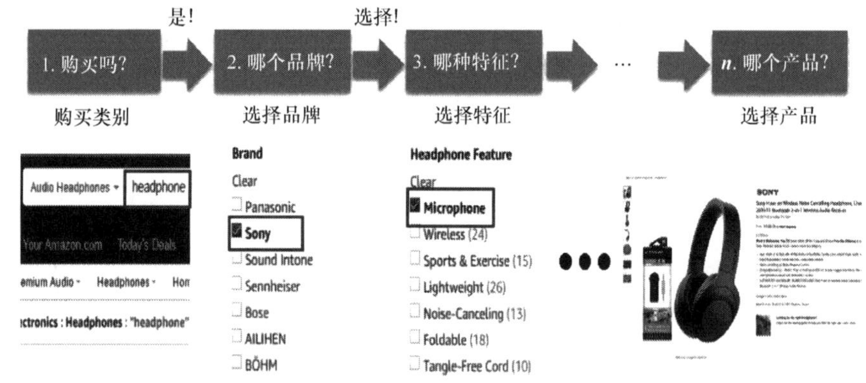

图 11.1　用户购买行为示例

当用户登录电商网站后，他不会立即选择具体的物品，而是按照自己的想法一步步地接近最终想要的物品。根据思路，本章将从特征处理、预测框架、模型描述、模型训练等方面进行阐述。

11.2 特征处理与 Wide&Deep plus 框架

用户的兴趣会受到各方面的影响，这些因素可能包括旗舰店对新物品的宣传、朋友的推荐、零售店的打折卡等，如图 11.2 所示。需要把这些因素进行收集和整理，这些就是特征。在本模型中，原始特征被分为文本(textual)特征、类别(categorical)特征、连续(continuous)特征和可视化(visual)特征四种类型。

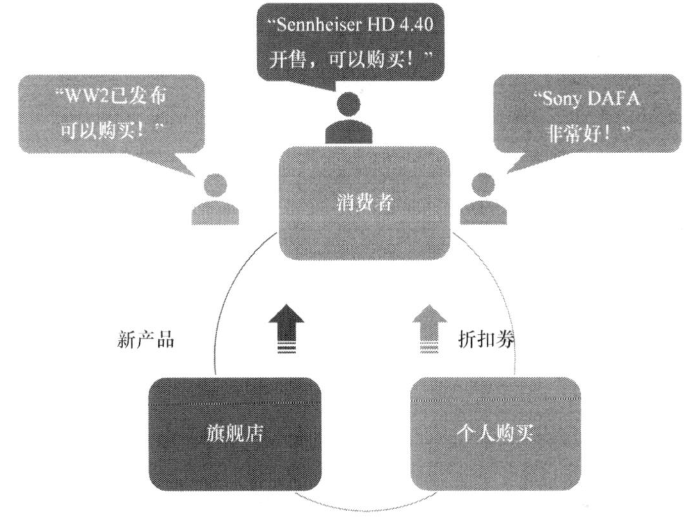

图 11.2　可能影响用户购买的各种因素

特征处理方式如下：

① 对于文本数据，如物品的描述("This adorable basic ballerina tutu is perfect for dance recitals.Fairy Princess Dress up, costume, play and much.")，采用区域卷积神经网络(region with convolutional neural network,RCNN)把字符串转化为实数型向量。首先应用一个双向的循环结构来捕获前后关系信息，然后应用一个最大池化层来判断文本中哪个特征所起的作用最大，把不同长度的文本转化为一个定长的向量，并把最大池化层的输出作为文本特征向量。

② 对于类别输入，比如物品的品牌，则采用独热向量来表示。比如有Panasonic、Sennheiser、Sony、Sound Intone、Bose、Beats、Audio-Technica 和 Ausdom 等 8 个耳机品牌，那么 Panasonic 用(1,0,0,0,0,0,0,0)表示，Sennheiser 用(0,1,0,0,0,0,0,0)表示。

③ 对于连续特征，采用 z-score 正则化来加速梯度计算。z-score 的主要目

的就是将不同量级的数据转化为同一个量级，统一用计算出的 z-score 值进行衡量，以保证数据之间的可比性。在对数据进行 z-score 标准化之前，我们需要得到总体数据的均值 μ 、总体数据的标准差 σ 、个体的观测值 x，那么 z-score 的公式为 $(x-\mu)/\sigma$ 。

④ 可视化特征是指从图片中抽取出的特征，通常采用 FC7 或者 AlexNet 模型，可以获得物品图片的 4 096 维特征，然后再使用一个权值矩阵来对这个原始特征进行嵌入，最终得到的维度将远小于 4 096。

近来，残差网在图像识别和文本分类中获得了极大的成功，引起大家的关注。我们对 Wide&Deep 框架进行调整，新的框架被称为 Wide&Deep plus，如图 11.3 所示。新的框架涉及 4 类不同的输入特征，并且采用改进了的残差单元(没有使用卷积核)，输入和输出之间的映射为

$$x^o = F\left(x^i, \{w_0, w_1\}, \{b_0, b_1\}\right) + x^i \tag{11-1}$$

其中，$w_{\{0,1\}}$ 和 $b_{\{0,1\}}$ 是两个残差层的参数，$F(\cdot)$表示残差单元的输入 x^i 映射到输出 x^o 的函数。

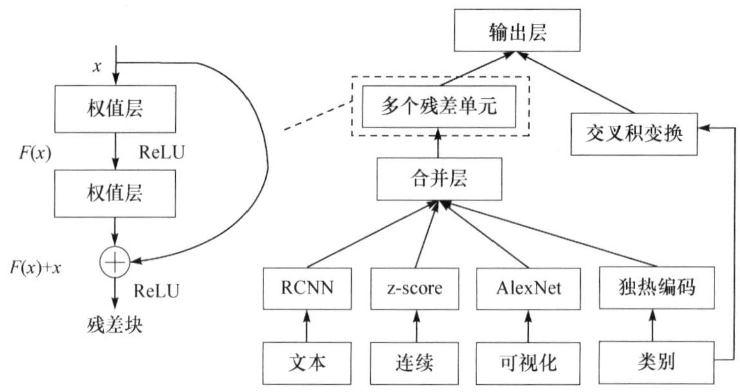

图 11.3　Wide&Deep　plus 框架

11.3　NSPD 模型及其优化

Wide&Deep plus 框架中采用 NSPD 模型，具体描述如下。

首先看一下用户的兴趣偏好。设 $E^n = \left(e^1, e^2, \cdots, e^n\right)$ 是用户购买行为阶段，如果用户购买习惯是 3 个阶段，如首先查询物品类别，然后选择品牌，最终确定最终物品，那么 $E^3 = \left(e^1, e^2, e^3\right)$，其中 e^1 、e^2 、e^3 分别表示 3 个购买阶段。Λ 是其

他阶段(或条件)的集合，如节日因素、价格因素、数量因素等。基于这些条件，用户的购买概率可以表示为

$$P\left(q=e^{n}\middle|E^{n},\Lambda\right)=P\left(E^{1}\right)\times P\left(e^{2}\middle|E^{1}\right)\times\cdots\times P\left(e^{n}\middle|E^{n-1}\right)\times P\left(\Lambda\middle|E^{n}\right) \tag{11-2}$$

阶段概率可以转化为二分类或多分类问题。比如，用户是否选择一个类别进行购买是一个二分类问题，用户选择哪个品牌是多分类问题，用户选择哪种物品特征是一个多分类问题，用户最终购买哪种物品是多分类问题。

对于二分类，状态概率可以转化为一个逻辑回归问题；对于多分类，状态概率则可以转化为一个 Softmax 回归问题，如图 11.4 所示。

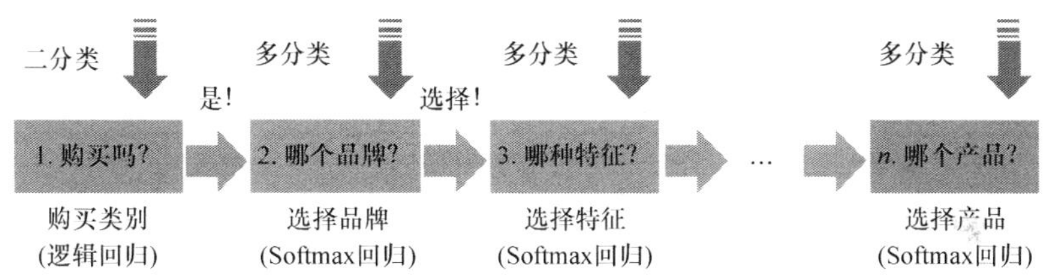

图 11.4　用户购买决策阶段及概率

第 k 阶段的概率可以表示为

$$P\left(e^{k}\middle|E^{k-1}\right)=f\left(w_{\text{wide}}^{\mathrm{T}}\left[x,\varphi(x)\right]+w_{\text{deep}}^{\mathrm{T}}a^{\left(l_f\right)}+b\right) \tag{11-3}$$

其中，$f(\cdot)$是一个 Sigmoid 函数(二分类)或者 Softmax 函数(多分类)。采用 Wide&Deep 框架，$\varphi(x)$是单个特征 x 的交叉积(cross-product)变换，b 是偏置，参数 w_{wide} 是宽度模型权值向量，w_{deep} 权值将应用到最后激活 $a^{\left(l_f\right)}$。

接下来看看序列偏好。假设 $U=\left\{u_1,u_2,\cdots,u_{|U|}\right\}$ 表示用户集，$I=\left\{u_1,u_2,\cdots,u_{|I|}\right\}$ 表示物品集，这里物品只是一个概念，可能包括类别、品牌、类型等。每个用户与一系列事件 $S^u=\left(S_1^u,S_2^u,\cdots,S_{L_u}^u\right)$ 关联，事件长度为 L_u。每个事件 $S_l^u(l=1,2,\cdots,L_u)$ 是一个多元组，$S_l^u=\left(i_l^u,t_l^u\right)$，其中 i_l^u 是第 1 个事件中涉及的物品，相应的时间为 t_l^u。因此当 $l'>l$ 时，有 $t_{l'}^u>t_l^u$。

给定所有用户的活动事件 $S=\left\{S^u\middle|u_1,u_2,\cdots,u_{|U|}\right\}$ 和一个未来的时间，可以根据用户的偏好、物品的时间依赖 $\left(e_i^k,t\right)$，以及历史记录 S_l^u 来预测用户对于某个物品 e_i^k 的总的兴趣偏好。观察的 S^u 中 e_i^k 到 e_j^k 的时间间隔可以表示为

$$d^u_{e^k_i,e^k_j}=\left\{\min_{l'>l,S^u_{l'}=e^k_j} t^u_{l'}-t^u_l \middle| l=1,2,\cdots,L_u,S^u_l=e^k_i\right\} \tag{11-4}$$

如果仅仅考虑每次购买物品 e^k_i 之后最近的一次购买 e^k_j ，那么可以采用高斯分布 $N\left(o^u_{e^k_i,e^k_j},\theta^2_o\right)$ 来近似，可以表示为

$$P_{\Theta_{\text{seqt}}}\left(t\middle|E^k_u\right)=N\left(\delta\middle|o^u_{e^k_i,e^k_j},\theta^2_o\right) \tag{11-5}$$

其中，$t-t^u_l=\theta$ ，Θ_{seqt} 是序列偏好中的参数集。序列偏好项可以表示为

$$P_{\Theta_{\text{seqt}}}\left(t\middle|E^k_u\right)=\max_{1\leqslant l\leqslant L_u} P_{\Theta_{\text{seqt}}}\left(t\middle|E^k_u\right) \tag{11-6}$$

最后，合成兴趣偏好和序列偏好。所以最终模型可以表示为

$$\begin{aligned}&P\left(q=e^n\middle|E^n,\varLambda\right)\\&=P\left(E^1\right)\times P\left(e^2\middle|E^1\right)\times\cdots\times P\left(e^n\middle|E^{n-1}\right)\times P\left(\varLambda\middle|E^n\right)\times P_{\Theta_{\text{seqt}}}\left(t\middle|E^n_u\right)\end{aligned} \tag{11-7}$$

由于每个阶段可以独立进行推理，假设 Θ_k 是第 k 阶段的参数集，y_k 是结果，那么参数的学习可以通过最大化对数释然函数来获得。对于二分类问题

$$J_k=\sum_{\Theta_k}\left[c_k\log y_k+\left(1-c_k\right)\log\left(1-y_k\right)\right] \tag{11-8}$$

对于多分类或序列偏好问题

$$J_k=\sum_{\Theta_k}c_k\log y_k \tag{11-9}$$

对于数字预测问题

$$J_k=\sum_{\Theta_k}\left[\alpha^k_p\log\nu^k_p-\nu^k_p\right]+\varepsilon \tag{11-10}$$

其中，c_k 是第 k 阶段的相关标签，ε 是一个常数。

新的框架和模型可用于推荐，即产生未曾购买过的但是在未来时间段 T 内可能感兴趣的物品。可以先计算概率 $P\left(q=e^n\middle|E^n,\varLambda\right)$，然后对各概率值进行排序，具体表示为

$$\max\int_t^{t+\Delta t}P\left(q=e^n\middle|E^n,\varLambda\right) \tag{11-11}$$

采用 SGD 算法对模型进行训练。由于模型中每个阶段都是独立的，而且每个阶段的数据也是独立的，因此在模型训练时可以采用分布式框架来提高计算效率。本实验采用 TensorFlow 框架来实现模型，对于每次的梯度更新采用 Adam，

因为 Adam 要求内存小，而且对于大规模和高维的数据，训练效率高。图 11.5 展示了模型的训练过程。

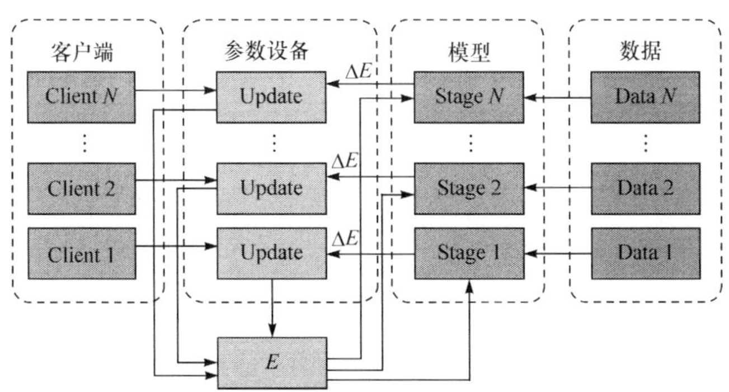

图 11.5　NSPD 模型的训练过程

11.4　实验与结果评价

11.4.1　数据集

实验中采用了两个数据集，分别是来自于天猫的 IJCAI 2015 和来自于 Amazon 的服装、鞋子和首饰数据集。IJCAI 2015 是 2014 年“双十一”天猫的销售数据，包含生产商信息和“双十一”当天的新用户信息，以及这之前 6 个月的所有用户的活动日志，详细内容如表 11.1 和表 11.2 所示。Amazon 数据集包含女士、男士、女孩、男孩、婴儿 5 个大类，其中物品数据包含图像(白色背景的标准图像)，评论时间跨度为 2003 年 3 月到 2014 年 7 月。实验在处理 Amazon 数据集时，取用户的历史评论作为隐含反馈，每个物品对应一个图像，舍弃活动次数少于 5 的用户，详细信息如表 11.3 所示。

表 11.1　IJCAI 2015 数据集详细信息

数据	用户数	商家数	样本对	正样本对	正样本率
训练	212 062	1 993	260 864	15 952	6.12%
测试	212 108	1 993	261 477	16 037	6.13%

表 11.2　IJCAI 2015 中的日志活动信息

行数	用户数	物品数	商家数	类别数	品牌数	时间戳
54 925 330	424 170	1 090 390	4 995	1 658	8 444	5/11-11/12

表 11.3　Amazon 数据集信息

数据集	用户数	产品数	反馈数	类别数	品牌数	价格	描述数
婴儿	89 868	32 507	123 985	80	287	500	58
男孩	163 120	40 604	200 207	138	629	180	61
女孩	113 852	41 826	142 219	147	517	489	87
男士	1 179 387	267 857	1 675 610	195	2 781	1 000	80
女士	1 630 803	603 277	2 855 258	237	3 441	1 000	69

11.4.2　评价指标

AUC 被定义为 ROC 曲线下的面积，显然这个面积的数值不会大于 1，AUC 越大，分类器正确率越高。在本实验中 AUC 定义为

$$\mathrm{AUC}=\frac{1}{N}\sum_{u,t}\frac{1}{|E_{u,t}^{+}||E_{u,t}^{-}|}\sum_{i\in E_{u,t}^{+},i'\in E_{u,t}^{-}}\delta\left(P(e^{i})>P(e^{i'})\right) \tag{11-12}$$

其中，$E_{u,t}^{+}$ 是用户 u 在时刻 t 所选择的物品集合，$E_{u,t}^{-}$ 包含那些没有被选中的物品(为了简化，我们仅仅选择了 10 个)，$\delta(\cdot)$是指示函数(当 x 为真时，$\delta(x)=1$；否则 $\delta(x)=0$)。

11.4.3　算法实现

所有实验均运行于 3 台 Linux 服务器，每台服务器的配置为 8 核 Inter® Core™ i7-7700 CPU @ 3.60GHz CPU，65.86GB 内存。

实验过程中为了对比多个模型的效果，采用 Python 实现了 Wide&Deep、Wide&Deep plus 和 NSPD 模型，采用 C++实现了贝叶斯个性化排序-矩阵分解(Bayesian personalized ranking-matrix factorization，BPR-MF)、贝叶斯个性化排序-时间矩阵分解(Bayesian personalized ranking-temporal matrix factorization，BPR-TMF)、VBPR 和时间视觉贝叶斯个性化排序(temporal visual Bayesian personalized ranking，TVBPR)模型。

测试 NSPD 模型时，所有数据集均分为 3 个阶段，如类别选择、品牌选择和产品选择；模型中每个残差单元包含 3 层，每个阶段有 2 个残差单元。

11.4.4　实验结果

表 11.4 和表 11.5 展示了残差层(不使用 NSPD 模型)和分阶段进行决策(在 Wide&Deep plus 框架中使用 NSPD 模型)的结果。从表 11.4 可以看出，对于

Amazon 数据集中的 5 类数据，所提出的 Wide&Deep plus 框架均具有优势，即损失率更小，准确率更高。从表 11.5 可以看出，对于 IJCAI 2015 数据集，所提出的 Wide&Deep plus 相比 Wide&Deep 框架具有优势，在 Wide&Deep plus 框架中采用 NSPD 模型后具有更大的优势，3 级 NSPD 模型比 2 级 NSPD 模型优势更大。

表 11.4　针对 Amazon 数据集 Wide&Deep 和 Wide&Deep plus 框架的比较

模型	评价	婴儿	男孩	女孩	男士	女士
Wide&Deep	损失率	0.525	0.463	0.474	0.492	0.399
	准确率	0.680	0.664	0.685	0.638	0.719
Wide&Deep plus	损失率	0.376	0.413	0.407	0.471	0.382
	准确率	0.824	0.709	0.715	0.670	0.806

表 11.5　针对 IJCAI 2015 数据集 NSPD 模型的优势

模型	Wide&Deep	Wide&Deep plus	2 级 NSPD	3 级 NSPD
AUC	0.562	0.578	0.591	0.610

用户的购买习惯千差万别，尤其是在大数据集中。对于有些用户，模型中的长期交互更起作用；对于另一些用户，短期交互则更重要。实验中，从 Amazon 数据集中随机选择了 2 个用户，采用 NSPD(4 阶段)模型产生了一个 top-3 的推荐列表。图 11.6 是采用 Wide&Deep plus 框架及 NSPD 模型后进行序列预测的结果，从中可以看出序列预测具有较好的准确性，但是女性需求变化比较大，所以推荐结果与实际购买存在一定的差距。

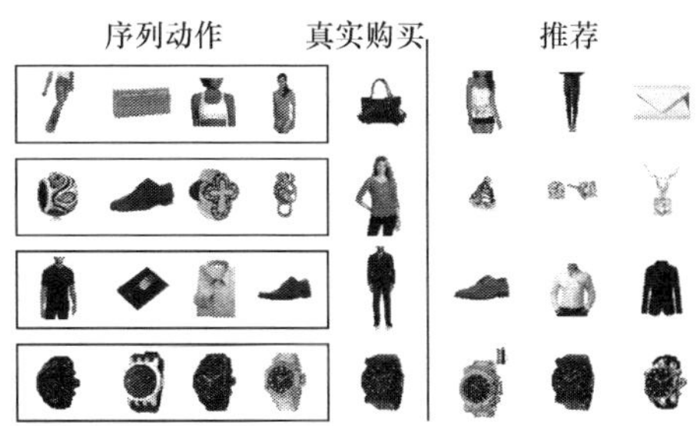

图 11.6　序列预测结果

11.5　本 章 小 结

本章提出了 NSPD 模型，采用 Amazon 的时尚电商数据集进行了实验，其中涉及各种不同类型的特征，包括可视化的特征和非可视化的特征，后者又分为文本特征、类别特征和连续特征。对特征的提取可以采用不同的方法，本章所述的方法只是一个建议。所采用的框架基于 Wide&Deep 模型，但比它覆盖的面更加广泛。实验表明，该模型能够提高推荐准确度，为时尚电商领域的推荐提供了新的思路。

参 考 文 献

[1] Bobadilla J, Ortega F, Hernando A, et al. Recommender systems survey. Knowledge-Based Systems, 2013, 46(1):109-132.

[2] Resnick P, Iacovou N, Suchak M, el al. GroupLens: An open architecture for collaborative filtering of netnews// Proceedings of the ACM Conference on Computer Supported Cooperative Work, 1994: 175-186.

[3] Herlocker J L, Konstan J A, Borchers A. An algorithmic framework for performing collaborative filtering// Proceedings of the 22nd ACM SIGIR International Conference on Research and Development in Information Retrieval, 1999: 230-237.

[4] 孟祥武, 刘树栋, 张玉洁, 等. 社会化推荐系统研究. 软件学报, 2015, 26(6): 1356-1372.

[5] 孟祥武, 陈诚, 张玉洁. 移动新闻推荐技术及其应用研究综述. 计算机学报, 2016, 39(4): 685-703.

[6] Rendle S. Factorization machines// Proceedings of the IEEE International Conference on Data Mining, 2010: 995-1000.

[7] Gomez-Uribe C A, Hunt N. The Netflix recommender system: Algorithms, business value, and innovation. ACM Transactions on Management Information Systems, 2016, 6(4): 13.

[8] Koenigstein N, Dror G, Koren Y. Yahoo! music recommendations: Modeling music ratings with temporal dynamics and item taxonomy// Proceedings of the 5th ACM Conference on Recommender Systems, 2011: 165-172.

[9] Lu Z, Dou Z, Lian J, et al. Content-based collaborative filtering for news topic recommendation// Proceedings of the 29th AAAI Conference on Artificial Intelligence, 2015: 217-223.

[10] Kazai G, Yusof I, Clarke D. Personalised news and blog recommendations based on user location, Facebook and Twitter user profiling// Proceedings of the 39th International ACM SIGIR Conference on Research and Development in Information Retrieval, 2016: 1129-1132.

[11] McMahan H B, Holt G, Sculley D, et al. Ad click prediction: A view from the trenches// Proceedings of the 19th ACM SIGKDD International Conference on Knowledge Discovery and Data Mining, 2013: 1222-1230.

[12] He X, Pan J, Jin O, et al. Practical lessons from predicting clicks on ads at Facebook// Proceedings of the 8th ACM International Workshop on Data Mining for Online Advertising, 2014: 1-9.

[13] Wang Z, Sun L, Zhu W, et al. Joint social and content recommendation for user-generated videos in online social network. IEEE Transactions on Multimedia, 2013, 15(3): 698-709.

[14] Quijano-Sanchez L, Recio-Garcia J A, Diaz-Agudo B, et al. Social factors in group recommender systems. ACM Transactions on Intelligent Systems and Technology, 2013, 4(1): 8.

[15] Jamali M, Ester M. A transitivity aware matrix factorization model for recommendation in social

networks// Proceedings of the International Joint Conference on Artificial Intelligence, 2011, 11: 2644-2649.

[16] Zhou T, Kuscsik Z, Liu J G, et al. Solving the apparent diversity-accuracy dilemma of recommender systems. Proceedings of the National Academy of Sciences, 2010, 107(10): 4511-4515.

[17] Salakhutdinov R. Bayesian probabilistic matrix factorization using MCMC// Proceedings of the ACM International Conference on Machine Learning, 2008: 880-887.

[18] Glorot X, Bengio Y. Understanding the difficulty of training deep feedforward neural networks//Proceedings of the 13th International Conference on Artificial Intelligence and Statistics, 2010: 249-256.

[19] He K, Zhang X, Ren S, et al. Delving deep into rectifiers: Surpassing human-level performance on ImageNet classification// Proceedings of the IEEE International Conference on Computer Vision, 2015: 1026-1034.

[20] Chang Y W, Hsieh C J, Chang K W, el al. Training and testing low-degree polynomial data mappings via linear SVM. Journal of Machine Learning Research, 2010, 11(4): 1471-1490.

[21] Kudo T, Matsumoto Y. Fast methods for kernel-based text analysis// Proceedings of the 41st Annual Meeting on Association for Computational Linguistics, Volume 1: Association for Computational Linguistics, 2003: 24-31.

[22] Rendle S. Factorization machines with libFM. ACM Transanctions on Intelligent Systems and Technology, 2012, 3(3): 57.

[23] Jahrer M, Toscher A, Lee J Y, et al. Ensemble of collaborative filtering and feature engineered models for click through rate prediction. Proceedings of the KDD, 2012, 1: 1-23.

[24] Juan Y, Zhuang Y, Chin W S, et al. Field-aware factorization machines for CTR prediction// Proceedings of the 10th ACM Conference on Recommender Systems, 2016: 43-50.

[25] Juan Y, Lefortier D, Chapelle O. Field-aware factorization machines in a real-world online advertising system// Proceedings of the 26th International Conference on World Wide Web, 2017: 680-688.

[26] Yan C, Zhang Q, Zhao X, et al. An intelligent field-aware factorization machine mode// Proceedings of the International Conference on Database Systems for Advanced Applications, 2017: 309-323.

[27] Bracher C, Heinz S, Vollgraf R. Fashion DNA: Merging content and sales data for recommendation and article mapping//Proceedings of the 19th ACM SIGKDD International Conference on Knowledge Discovery and Data Mining, 2016.

[28] Koren Y. Collaborative filtering with temporal dynamics. Communications of the ACM, 2010, 53(4): 89-97.

[29] He R, Mcauley J. Ups and downs: Modeling the visual evolution of fashion trends with one-class collaborative filtering// Proceedings of the 25th International Conference on World Wide Web, 2016.

[30] Covington P, Adams J, Sargin E. Deep neural networks for YouTube recommendations //

Proceedings of the Conference on Recommender Systems, 2016: 191-198.

[31] Hong H, Pradhan B, Sameen M I, et al. Spatial prediction of rotational landslide using geographically weighted regression, logistic regression, and support vector machine models in Xing Guo area (China). Geomatics, Natural Hazards and Risk, 2017, 8(2): 1997-2022.

[32] Blondel M, Ishihata M, Fujino A, et al. Polynomial networks and factorization machines: New insights and efficient training algorithms. IEEE Transactions on Wireless Communications, 2016, 15(1): 131-145.

[33] Knoll J. Recommending with higher-order factorization machines. Research and Development in Intelligent Systems, 2016: 103-116.

[34] Blondel M, Fujino A, Ueda N, et al. Higher-order factorization machines// Proceedings of the 30th Conference on Neural Information Processing Systems, 2016: 3351-3359.

[35] Prillo S. An elementary view on factorization machines// Proceedings of the 11st ACM Conference on Recommender Systems, 2017: 179-183.

[36] Knoll J, Köckritz D, Groß R. Markov random walk vs. higher-order factorization machines: A comparison of state-of-the-art recommender algorithms// Proceedings of the International Conference on Innovations for Community Services, 2017: 87-103.

[37] Yurochkin M, Nguyen X L. Multi-way interacting regression via factorization machines. Advances in Neural Information Processing Systems, 2017: 2595-2603.

[38] Pan J, Xu J, Ruiz A L, et al. Field-weighted factorization machines for click-through rate prediction in display advertising// Proceedings of the Conference on 2018 World Wide Web, 2018: 1349-1357.

[39] Zhao Y, Mansouri K, Yang Y, et al. Rating prediction using category weight factorization machine in big data environment// Proceedings of the IEEE International Conference on Communication Workshop, 2015: 1909-1913.

[40] Wang S, Li C, Zhao K, et al. Learning to context-aware recommend with hierarchical factorization machines. Information Sciences, 2017, 409: 121-138.

[41] Guo R, Alvari H, Shakaria P. Strongly hierarchical factorization machines and ANOVA kernel regression// Proceedings of the 2018 SIAM International Conference on Data Mining, Society for Industrial and Applied Mathematics, 2018: 729-737.

[42] Oentaryo R J, Lim E P, Low J W, et al. Predicting response in mobile advertising with hierarchical importance-aware factorization machine// Proceedings of the 7th ACM International Conference on Web Search and Data Mining, 2014: 123-132.

[43] Yuan F, Guo G, Jose J M, et al. BoostFM: Boosted factorization machines for top-n feature-based recommendation// Proceedings of the 22nd International Conference on Intelligent User Interfaces, 2017: 45-54.

[44] Yan P, Zhou X, Duan Y. E-commerce item recommendation based on field-aware factorization machine// Proceedings of the 2015 International ACM Recommender Systems Challenge, 2015: 2.

[45] Hong L, Doumith A S, Davison B D. Co-factorization machines: Modeling user interests and predicting individual decisions in Twitter// Proceedings of thc 6th ACM International Conference on Web Search and Data Mining, 2013: 557-566.

[46] Leksin V, Ostapets A. Job recommendation based on factorization machine and topic modelling// Proceedings of the Recommender Systems Challenge, 2016: 6.

[47] Blondel M, Niculae V, Otsuka T, et al. Multi-output polynomial networks and factorization machines. Advances in Neural Information Processing Systems, 2017: 3351-3361.

[48] Wang S, Du C, Zhao K, et al. Random partition factorization machines for context-aware recommendations// Proceedings of the International Conference on Web-Age Information Management, 2016: 219-230.

[49] Pijnenburg M, Kowalczyk W. Extending logistic regression models with factorization machines// Proceedings of the International Symposium on Methodologies for Intelligent Systems, 2017: 323-332.

[50] Rendle S. Social network and click-through prediction with factorization machines. Proceedings of the KDD, 2012: 113.

[51] Loni B, Said A, Larson M, et al. 'Free lunch' enhancement for collaborative filtering with factorization machines// Proceedings of the 8th ACM Conference on Recommender Systems, 2014: 281-284.

[52] Cheng C, Xia F, Zhang T, et al. Gradient boosting factorization machines// Proceedings of the 8th ACM Conference on Recommender Systems, 2014: 265-272.

[53] Xu J, Lin K, Tan P N, et al. Synergies that matter: Efficient interaction selection via sparse factorization machine// Proceedings of the 2016 SIAM International Conference on Data Mining, Society for Industrial and Applied Mathematics, 2016: 108-116.

[54] Selsaas LR, Agrawal B, Rong C, et al. AFFM: Auto feature engineering in field-aware factorization machines for predictive analytics// Proceedings of the IEEE International Conference on Data Mining, 2015: 1705-1709.

[55] Punjabi S, Bhatt P. Robust factorization machines for user response prediction// Proceedings of the 2018 International Conference on World Wide Web, 2018: 669-678.

[56] Lu C T, He L, Shao W, et al. Multilinear factorization machines for multi-task multi-view learning// Proceedings of the 10th ACM International Conference on Web Search and Data Mining, 2017: 701-709.

[57] Liu C, Zhang T, Zhao P, et al. Locally linear factorization machines// Proceedings of the International Joint Conference on Artificial Intelligence, 2017: 2294-2300.

[58] Kitazawa T. Incremental factorization machines for persistently cold-starting online item recommendation. arXiv preprint. 2016, arXiv:1607.02858.

[59] Ding Y, Wang D, Xin X, et al. SCFM: Social and crowdsourcing factorization machines for recommendation. Applied Soft Computing, 2018, 66: 548-556.

[60] Zhou J, Wang D, Ding Y, et al. SocialFM: A social recommender system with factorization machines// Proceedings of the International Conference on Web-Age Information Management, 2016: 286-297.

[61] Chen C M, Chen H P, Tsai M F, et al. Leverage item popularity and recommendation quality via cost-sensitive factorization machines// Proceedings of the IEEE International Conference on Data Mining, 2014: 1158-1162.

[62] Qiang R, Liang F, Yang J. Exploiting ranking factorization machines for microblog retrieval// Proceedings of the 22nd ACM International Conference on Information and Knowledge Management, 2013: 1783-1788.

[63] Hirata A, Komachi M. Sparse named entity classification using factorization machines. arXiv preprint. 2017, arXiv:1703.04879.

[64] Wang S, Zhou M, Fei G, et al. Contextual and position-aware factorization machines for sentiment classification. arXiv preprint. 2018, arXiv:1801.06172.

[65] Xu Y, Tang Q, Hou L, et al. Decision model for market of performing arts with factorization machine. Journal of Shanghai Jiaotong University (Science), 2018, 23(1):74-84.

[66] Srivastava R K, Greff K, Schmidhuber J. Highway networks. arXiv preprint. 2015, arXiv:1505.00387.

[67] Chen C, Hou C, Xiao J, et al. Purchase behavior prediction in e-commerce with factorization machines. IEICE Transactions on Information and Systems, 2016, 99(1): 270-274.

[68] Wang Y, Shang W, Li Z. The application of factorization machines in user behavior prediction// Proceedings of the 2016 IEEE/ACIS 15th IEEE International Conference on Computer and Information Science, 2016: 1-4.

[69] Cao B, Shi M, Liu X F, et al. Using relational topic model and factorization machines to recommend Web apis for mashup creation// Proceedings of the Asia-Pacific Services Computing Conference, 2016: 391-407.

[70] Wu Y, Xie F, Chen L, et al. An embedding based factorization machine approach for Web service QoS prediction// Proceedings of the Service-Oriented Computing, 2017: 272-286.

[71] 唐明董, 张婷婷, 杨亚涛, 等. 基于因子分解机的质量感知 Web 服务推荐方法. 计算机学报, 2018, 41(6): 1300-1313.

[72] Chen C, Wu D, Hou C, et al. Exploiting social media for stock market prediction with factorization machine// Proceedings of the IEEE/WIC/ACM International Joint Conference on Web Intelligence, 2014: 142-149.

[73] Yamada M, Lian W, Goyal A, et al. Convex factorization machine for toxicogenomics prediction// Proceedings of the 23th ACM SIGKDD International Conference on Knowledge Discovery and Data Mining, 2017: 1215-1224.

[74] Zhu G, Li L. Factorization machine based business credit scoring by leveraging internet data// Proceedings of the Asia-Pacific Web Conference, 2016: 565-569.

[75] Sun L, Fan J, Yang W, et al. Application of factorization machine in mobile APP recommendation based on deep packet inspections. Journal of Computer Applications, 2016, 36(2): 307-310.

[76] Zhu M, Aggarwal C C, Ma S, et al. Outlier detection in sparse data with factorization machines// Proceedings of the 2017 ACM Conference on Information and Knowledge Management, 2017: 817-826.

[77] Chen W, Wang Z, Zhou J. Large-scale L-BFGS using MapReduce// Proceedings of the Advances in Neural Information Processing Systems, 2014: 1332-1340.

[78] Sutskever I, Martens J, Dahl G, et al. On the importance of initialization and momentum in deep

learning// Proceedings of the International Conference on Machine Learning, 2013: 1139-1147.

[79] Duchi J, Hazan E, Singer Y. Adaptive subgradient methods for online learning and stochastic optimization. Journal of Machine Learning Research, 2011, 12: 2121-2159.

[80] Hinton G, Srivastava N, Swersky K. RMSprop: Divide the gradient by a running average of its recent magnitude. Coursera: Neural Networks for Machine Learning, 2012, 4: 26-30.

[81] Zeiler M D. Adadelta: An adaptive learning rate method. arXiv preprint. 2012, arXiv:1212.5701.

[82] Kingma D, Ba J. Adam: A method for stochastic optimization. arXiv preprint. 2014, arXiv:1412.6980.

[83] 燕彩蓉, 张青龙, 赵雪, 等. 基于广义高斯分布的贝叶斯概率矩阵分解方法. 计算机研究与发展, 2016, 53(12): 2793-2800.

[84] Maas A L, Hannun A Y, Ng A Y. Rectifier nonlinearity improve neural network acoustic models// Proceedings of the International Conference on Machine Learning, 2013, 30(1).

[85] Xu B, Wang N, Chen T, et al. Empirical evaluation of rectified activations in convolutional network. arXiv preprint. 2015, arXiv:1505.00853.

[86] Clevert D A, Unterthiner T, Hochreiter S. Fast and accurate deep network learning by exponential linear units. arXiv preprint. 2015, arXiv:1511.07289.

[87] Goodfellow I J, Warde-Farley D, Mirza M, et al. Maxout networks. arXiv preprint. 2013, arXiv:1302.4389.

[88] Prajit R, Barret Z, Quoc V, et al. Searching for activation functions. arXiv preprint. 2017, arXiv:1710.05941v2.

[89] Krizhevsky A, Sutskever I, Hinton G E. Imagenet classification with deep convolutional neural networks// Proceedings of the Conference on Advances in Neural Information Processing Systems, 2012: 1097-1105.

[90] Ioffe S, Szegedy C. Batch normalization: Accelerating deep network training by reducing internal covariate shift// Proceedings of the International Conference on Machine Learning, 2015: 448-456.

[91] Srivastava N, Hinton G E, Krizhevsky A, et al. Dropout: A simple way to prevent neural networks from overfitting. Journal of Machine Learning Research, 2014, 15(1): 1929-1958.

[92] Wan L, Zeiler M, Zhang S, et al. Regularization of neural networks using dropconnect// Proceedings of the International Conference on Machine Learning, 2013: 1058-1066.

[93] Huang G, Sun Y, Liu Z, et al. Deep networks with stochastic depth// Proceedings of the European Conference on Computer Vision, 2016: 646-661.

[94] Zhou T, Kuscsik Z, Liu J G, et al. Solving the apparent diversity-accuracy dilemma of recommender systems. Proceedings of the National Academy of Sciences of the United States of America, 2010, 107(10): 4511-4515.

[95] Sarwar B, Karypis G, Konstan J, et al. Item-based collaborative filtering recommendation algorithms// Proceedings of the 10th International Conference on World Wide Web, 2001, 4: 285-295.

[96] Zheng L, Noroozi V, Yu P S. Joint deep modeling of users and items using reviews for recommendation// Proceedings of the 10th ACM International Conference on Web Search and

Data Mining, 2017: 425-434.

[97] Chen J, Sun B, Li H, et al. Deep CTR prediction in display advertising// Proceedings of the 2016 ACM Conference on Multimedia, 2016: 811-820.

[98] Zhang S, Yao L, Sun A. Deep learning based recommender system: A survey and new perspectives. ACM Computing Surveys, 2018: 35.

[99] Razavian A S, Azizpour H, Sullivan J, et al. CNN features off-the-shelf: An astounding baseline for recognition// Proceedings of the IEEE Conference on Computer Vision and Pattern Recognition, 2014: 806-813.

[100] Cheng H T, Koc L, Harmsen J, et al. Wide & deep learning for recommender systems// Proceedings of the 1st Workshop on Deep Learning for Recommender Systems, 2016: 7-10.

[101] Wang R, Fu B, Fu G, et al. Deep & cross network for ad click predictions. arXiv preprint. 2017, arXiv: 1708. 05123.

[102] Zhang W, Du T, Wang J. Deep learning over multi-field categorical data// Proceedings of the European Conference on Information Retrieval, 2016: 45-57.

[103] Qu Y, Cai H, Ren K, et al. Product-based neural networks for user response prediction// Proceedings of the IEEE International Conference on Data Mining, 2016: 1149-1154.

[104] Shan Y, Hoens T R, Jiao J, et al. Deep crossing: Web-scale modeling without manually crafted combinatorial features// Proceedings of the 22th ACM SIGKDD International Conference on Knowledge Discovery and Data Mining, 2016: 255-262.

[105] Guo H, Tang R, Ye Y, et al. DeepFM: A factorization-machine based neural network for CTR prediction// Proceedings of the International Joint Conference on Artificial Intelligence, 2017: 1725-1731.

[106] He X, Chua T S. Neural factorization machines for sparse predictive analytics// Proceedings of the 40th ACM SIGIR International Conference on Research and Development in Information Retrieval, 2017: 355-364.

[107] Xiao J, Ye H, He X, et al. Attentional factorization machines: Learning the weight of feature interactions via attention networks. arXiv preprint. 2017, arXiv:1708.04617.

[108] He K, Zhang X, Ren S, et al. Deep residual learning for image recognition// Proceedings of the IEEE Conference on Computer Vision and Pattern Recognition, 2016: 770-778.

[109] Zagoruyko S, Komodakis N. Wide residual networks. arXiv preprint. 2016, arXiv:1605.07146.

[110] Xie S, Girshick R, Dollár P, et al. Aggregated residual transformations for deep neural networks. arXiv preprint. 2016, arXiv:1611.05431.

[111] Larsson G, Maire M, Shakhnarovich G. Fractalnet: Ultra-deep neural networks without residuals. arXiv preprint. 2016, arXiv:1605.07648.

[112] Huang G, Liu Z, Weinberger K Q, et al. Densely connected convolutional networks. arXiv preprint. 2016, arXiv:1608.06993.

[113] Szegedy C, Liu W, Jia Y, et al. Going deeper with convolutions// Proceedings of the IEEE Conference on Computer Vision and Pattern Recognition, 2015: 1-9.

[114] Yi J, Chen Y, Li J, et al. Predictive model performance: Offline and online evaluations// Proceedings of the 19th ACM SIGKDD International Conference on Knowledge Discovery and Data Mining, 2013: 1294-1302.

[115] Bayer I. FastFM: A library for factorization machines. Journal of Machine Learning Research, 2016, 17(184): 1-5.

[116] Rendle S. Scaling factorization machines to relational data. Proceedings of the VLDB Endowment, 2013, 6(5): 337-348.

[117] Blondel M, Fujino A, Ueda N. Convex factorization machines// Proceedings of the Joint European Conference on Machine Learning and Knowledge Discovery in Databases, 2015: 19-35.

[118] Blondel M, Ishihata M, Fujino A, et al. Polynomial networks and factorization machines: New insights and efficient training algorithms. arXiv preprint. 2016, arXiv:1607.08810.

[119] Yuan F, Guo G, Jose J M, et al. Optimizing factorization machines for top-n context-aware recommendations// Proceedings of the International Conference on Web Information Systems Engineering, 2016: 278-293.

[120] Pan Z, Chen E, Liu Q, et al. Sparse factorization machines for click-through rate prediction// Proceedings of the IEEE International Conference on Data Mining, 2016: 400-409.

[121] Freudenthaler C, Schmidt-Thieme L, Rendle S. Bayesian factorization machines// Proceedings of the Workshop on Sparse Representation and Low-Rank Approximation, Neural Information Processing Systems, 2011.

[122] Saha A, Acharya A, Ravindran B, et al. Nonparametric poisson factorization machine// Proceedings of the IEEE International Conference on Data Mining, 2015: 967-972.

[123] Nguyen T V, Karatzoglou A, Baltrunas L. Gaussian process factorization machines for context-aware recommendations// Proceedings of the 37th ACM SIGIR International Conference on Research and Development in Information Retrieval, 2014: 63-72.

[124] Huang X, Yang Y, Bao X. Grid-based Gaussian processes factorization machine for recommender systems// Proceedings of the 9th International Conference on Machine Learning and Computing, 2017: 92-97.

[125] Rendle S, Fetterly D, Shekita E J, et al. Robust large-scale machine learning in the cloud// Proceedings of the 22th ACM SIGKDD International Conference on Knowledge Discovery and Data Mining, 2016: 1125-1134.

[126] Zhou L, Pan S, Wang J, et al. Machine learning on big data: Opportunities and challenges. Neurocomputing, 2017, 237: 350-361.

[127] Sun H, Wang W, Shi Z. Parallel factorization machine recommended algorithm based on MapReduce// Proceedings of the 10th IEEE International Conference on Semantics, Knowledge and Grids, 2014: 120-123.

[128] Li M, Liu Z, Smola A J, et al. DiFacto: Distributed factorization machines// Proceedings of the 9th ACM International Conference on Web Search and Data Mining, 2016: 377-386.

[129] Zhong E, Shi Y, Liu N, et al. Scaling factorization machines with parameter server// Proceedings of the 25th ACM International Conference on Information and Knowledge Management, 2016: 1583-1592.

[130] Li M, Andersen D G, Park J W, et al. Scaling distributed machine learning with the parameter server// Proceedings of the International Conference on USENIX Symposium on Operating Systems Design and Implementation, 2014, 14: 583-598.